우리 집에는 꼬마 철학자가 산다

철학적 대화로
두 꼬마의
사고력을 키운
6년간의 기록

우리 집에는 꼬마 철학자가 산다

노신화 지음

SOULHOUSE

프롤로그

"엄마, 바보가 뭐야?"

네 살배기 둘째가 물었다. 책 속 낯선 단어가 녀석의 작은 눈을 반짝이게 했다. 너무나 익숙한 단어건만 나는 일순간 멈칫했다. 그 정의에 대해 곰곰이 생각해본 적이 없었으니까. 일단 흔히들 알고 있는 바대로 설명해주니 아이도 고개를 끄덕였다. 하지만, 왠지 그대로 마치면 안 될 것 같았다.

"음…… 이렇게 뭐든 모르는 사람을 바보라고 하는데, 잘 알고 있는 사람 중에도 바보가 있어. 어떤 행동을 하면 안 되는 줄 알면서도 그렇게 하는 사람. 또 어떻게 행동하는 것이 옳은 줄 알면서도 안 하는 사람도 바보야. 지혜로운 사람은 달라. 알고 있는 대로 실천도 잘하지. 우리 로운이는 지혜로운 사람이에요? 바보예요?"

"지혜로운 사람!"

"우와! 멋지다!"

지난 6년간 두 아들과의 대화를 통해 깨달았다. 아이들은 대화를 즐긴다는 것을. 우리 집 두 꼬마는 세상에서 가장 듣기 좋은 소리인 엄마의 다정한 목소리로 펼쳐지는 다채로운 이야기에 매료됐다. 만화, 그림책, 그네타기보다 훨씬 재미있다면서 두 귀를 쫑긋 세우고, 두 눈을 반짝였다. 내내 흐트러짐이 없고, 물음을 던지기도 하고, 이해했다면서 고개를 끄덕였다.

나는 두 작은 요정에게 어울릴법한 주제나 소재를 딱히 정하지 않았다. 그때그때 상황에 맞췄을 뿐이다. 기특하게도 녀석들은 그 어떤 얘기도 소화해냈다. 인생에 있어서 사고력, 감사, 성찰이 왜 중요한지에 대한 얘기, 행복은 스스로 만드는 것이고 그를 위해서는 지혜가 필요하다는 얘기, 지금의 슬픔에 빠지지 않으려면 길게 보는 습관이 중요하다는 얘기, 소중한 것은 눈에 보이지 않는다는 얘기…….

아직은 풋내 가득한 꼬마들과 이런 대화를 나눈 이유가 있다. 부디 내 아이가 더 가치 있고, 참되고, 행복한 삶의 주인공이 되기를 바랐다. 이를 위해 아이에게 무엇이 필요할지 고민해보니 '사고력'이라는 답이 나왔다. 생각하고 궁리하는 능력 말이다. 아이가 사고의 뿌리를 크고 단단하게 갖추면 어떤 어려움도 슬기롭게 헤쳐나갈 수 있고, 나아가 보다 나은 세상을 위한 꿈을 꾸며, 그 길로 향하는 성장을 멈추지 않을 것이다. 나는 아이의 사고력을 키워주는 데 온 노력을 쏟는 엄마가 되고 싶었다.

하지만 상황이 여의치 않았다. 내 앞에 다른 일들이 즐비했다. 두 아이를 먹이고, 씻기고, 입히고, 놀아주고, 치우고, 재우는 것만으로도 버거운 나날이었다. 아이의 사고력을 키우는 일도, 아이들의 일상을 챙기는 일도 모두 중요했고 미룰 수 없었다. '육아 전쟁을 벗어날 수는 없으니 그 속에서 가능한 방법이 무엇이 있을까?' 곰곰이 생각한 끝에 육아의 일상에서 나오는 모든 사색을 매 순간 아이와 나누기로 했다.

나는 사색을 즐기는 사람이다. 어떤 것에 대하여 이모저모 생각하고, 깊이 파고들면서 깨달음을 얻는 과정이 내게는 큰 기쁨이다. 따라서 나의 머릿속은 늘 생각들이 넘쳐났다. 이런 습관은 어린 두 아이를 키우는 와중에도 멈추질 않았다. 오히려 더했다. 엄마로서 고민에 빠지는 다양한 상황을 숱하게 맞았다. 그런 내게 육아는 사색 거리의 샘물이었다. 형제간에 다툴 때, 아이가 장난감을 사주기 전에는 한 발짝도 안 움직이려 할 때, 낮잠을 안 자려고 고집부릴 때, 동심의 엉뚱한 질문을 받았을 때, 텔레비전에서 아이에게 부정적인 장면이 나올 때, 아이가 아닌 나 자신을 위한 일을 너무나 하고 싶을 때……. 육아의 모든 순간마다 내 생각 바퀴가 바삐 움직였다.

머릿속에 떠오른 바를 넓게 펼치고, 깊게 파고들고, 하나하나 엮어가면 의미 있는 무언가를 찾아내게 된다. 이것이 사색의 묘미다. 나는 이야기꾼이 되어서 그것들을 아이들과의 대화에 물 흐르듯 자연스럽게 녹였다. 녀석들의 눈높이에 맞춘 덕에 아무리 어려운 얘기더라도 두 꼬마는 높은 수준의 몰입을 보였다.

대화는 아이들의 사랑스러운 면모를 끄집어내는 단연 으뜸의 방법이다. 특히, 철학적 대화가 쌓여감에 따라 동심의 지혜와 고운 심성에 감탄하는 순간을 자주 맛보았다. 나의 입을 쏙 닮은 네 살배기가 가장 좋아하는 것으로 '나 자신'을 꼽았을 때, 나의 눈을 쏙 닮은 일곱 살배기가 꼭 이루고 싶은 일이 '세상을 아름답게 하는 것'이라며 삐뚤빼뚤한 글씨로 적었을 때, 내 가슴은 감동으로 벅차올랐다. 나는 또한 녀석들이 인격체답게 행동하는 것을 보는 행복도 누렸다. 둘은 떼를 쓰거나 고집을 부리는 대신 엄마의 이야기에 귀를 기울여주었다. 그러고는 자신을 위한 현명한 행동이 무엇인지 판단하고, 그에 따라 실천하곤 했다.

우리 가족에게는 평범하기만 한 이 일상들에 대해 다른 이들은 비범하다고 한다. 그래서 나는 지난 6년간의 육아 동안 펼쳐졌던 아이들과의 대화와 나의 사색을 기록하기로 했다. 이 책으로 말미암아 많은 가정에서 자연스러운 철학적 대화가 이루어지길 바란다. 그래서 우리 가족의 이야기가 더는 비범한 일이 아닌, 어느 가정에서나 볼 수 있는 일이길 바란다. 나는 확신한다. 이 책이 육아에 있어서 나와 같은 고민을 하는 부모, 부모와 눈을 맞추고 이야기 나누는 시간을 그 어떤 것보다 좋아하는 아이들에게 도움이 될 거라고.

글을 쓰는 내내 나의 부모님이 얼마나 고마운지 새삼 느꼈다. 어린 시절의 내게 즐거움 중 하나는 아빠와 엄마의 행동을 관찰하는 것이었다. 나는 때때로 '우와! 어떻게 저렇게 할 생각을 했을까?' 하며 두 분의 지혜에 감탄하고, 남몰래 어깨를 으쓱하곤 했다. 나의 부모님은 어떤 일이건 더 바람직하고 지혜로운 선택을 하고자 늘 노력하셨다. 그것이 나에게 소중한 자산으로 스며든 것이다. 내가 생각하기를 즐기는 사람이 된 것은 나를 키워준 분들을 닮아서다. 진심으로 감사하다는 말씀을 드리고 싶다. 하늘나라에서 언제나 막내딸을 지켜주고 계신 나의 아빠 노영현 님께, 그리고 "나는 신화 네가 행복하면 돼."라고 입버릇처럼 얘기하시는 나의 엄마 한영심 님께.

보다 나은 세상을 꿈꾸는

노신화

차례

사람과 사람 사이에 필요한 것

조금은 다르게 생각하는 엄마

소중한 나의 행복을 위하여

작은 인격체에게 배우다

세상을 따뜻하게 하기 위해서는
그리 거창한 일을 해야 하는 게 아니다.
아이가 나를 위해,
그리고 유치원 친구들을 위해
하는 것만으로도 가능하다.
그런 마음과 행동들이 모여 훈훈함이 쌓이고,
우리가 살아가는 곳을 온기로 채우리라.

사람과
사람 사이에
필요한 것

-¦-

'기소불욕물시어인'이야

라온이와 로운이가 식당을 차렸다. 첫 손님인 내게 볶음밥을 만들어주겠다며 양푼에 갖은 재료들을 쏟아부었다. 레고 블록, 주사위, 장난감 너트와 볼트, 구슬, 잘게 자른 종이들이 뒤섞이며 요란한 소리를 냈다.

다섯 살, 세 살배기 사장은 즐겁게 요리했다. 별것도 아닌 것에 까르륵거리면서. 세상에 둘도 없이 다정한 모습이었다. 조금 전까지 장난감 하나 때문에 눈에 불을 켜고 맞섰던 것이 맞나 싶었다. 아이들의 감정 변화는 한여름 소나기만큼이나 흥미롭다. 나뭇잎을 뚫을 기세의 세찬 빗줄기를 퍼붓다가도 순식간에 사라진다. 그 자리에는 전보다 더 맑고 깨끗한 햇볕이 내리쬔다.

꼬마 형제는 몇 분 전에 있었던 다툼의 흐림을 말끔히 지웠다. 하지만 나는 그 여파로 조금은 지쳐있었다. 서로에게 으르렁거리던 녀석들을 진정시키고 중재하느라 진을 뺐다. 둘의 갈등을 해결하고 밝음을 다시 찾아줄 때까지 제법 긴 시간이 들었다. 일단, 무슨 일이 있었는지 확인했다. 녀석들은 상황을 자세히도 설명했다. 각자의 입장 위주로. 나는 둘의 모든 얘기를 처음부터 끝까지 다 들은 뒤, 조곤조곤 말해주었다. 누가 어떤 잘못을 했고, 그래서 어떻게 행동해야 하고, 다음부터는 이런 일이 생기지 않도록 어떤 주의를 기울여야 하는지에 대해. 잘못을 인정하고 풀이 죽은 아이의 마음을 보듬어주는 것도 잊지 않았다.

언제나 그랬듯 녀석들의 다툼도, 나의 중재도 모두 말로 이루어졌다. 둘은 몸싸움을 하지 않았고, 나도 체벌을 하지 않았다. 그 점이 늘 다행스럽지만 나는 왜 그리 지쳤을까? 더군다나 아이들과 대화하는 것을 즐기는 사람인데 말이다. 유쾌한 내용이 아닐뿐더러 같은 얘기의 반복이기 때문이다. 다투는 상황만 그때그때 조금씩 다를 뿐, 내가 하는 말은 비슷했다. 뭔가 다른 방법이 필요했다. 녀석들이 알아들을 때까지 매번 같은 내용을 충분히 얘기해주는 것은 문제가 있었다. 내가 지치기도 하고, 무엇보다 아이들이 언젠가부터는 잔소리로만 받아들일 수 있으니까.

가슴이 답답하거나 마음을 진정시켜야 할 때 집어 드는 것이 있다. 책이다. 그날은 공자의 지혜가 담긴 《논어》를 꺼냈다. 짧은 글의 모음이라 막간을 이용해 읽기에 좋다. 참으로 신기했다. 내가 '책의 마법'이라고 일컫는 일이 또다시 일어났다. 우연히 펼친 책장에서 고민에 대한 답을 찾는 것 말이다. 그것은 책 읽기의 매력이요, 즐거움 중 하나다. 공자처럼 높은 수준의 지혜를 지닌 사람의 말은 간결하다. 한 문장이나 단어 몇 개만으로도 엄청난 무게와 힘을 담고 듣는 이의 가슴에 자석처럼 달라붙는다. 사람과의 관계에서 임해야 할 태도에 대한 공자의 말이 내게는 단비 같다.

그날 내게 와닿은 말을 종이에 써 거실 벽시계 옆에 붙였다. 하루에도 몇 번씩 시선이 가는 곳이다. 아이들이 쪼르르 달려와 물었다.

“엄마, 그게 뭐야?”

“얘들아, 엄마가 《논어》 좋아하는 거 알지? 거기에 나오는 말이야. 따라 해볼래? ‘기소불욕물시어인(己所不欲勿施於人)’.”

낯선 말이라면 일단 따라 하고 보는 두 호기심 요정들. 긴장 어린 표정으로 한 글자씩 발음하다가 발음이 꼬여서 멋쩍게 웃는 모습이 여간 귀여운 게 아니었다. 그렇게 몇 번의 시행착오 끝에 드디어 온전히 발음하는 데 성공했다.

“옳지. 잘했어. 이 말의 뜻은 ‘내가 싫어하는 거 다른 사람한테 하지 않기’야(원래는 ‘자기가 하기 싫은 일을 남에게도 하게 해서는 안 된다.’라는 뜻이지만 아이들의 눈높이에 맞게 바꿨다). 라온이는 누가 라온이 장난감 빼앗으면 좋겠어? 안 좋겠어?”

“안 좋아.”

“그렇지? 그러니까 라온이도 로운이 손에 있는 장난감 뺏으면 안 되는 거야. 알겠지?”

“응.”

“로운아, 로운이는 누가 로운이한테 소리 지르면 좋아? 안 좋아?”

"안 좋아."

"그렇지? 그럼 로운이도 앞으로 형아한테 소리 지르지 않고 부드럽게 말하기. 알겠지?"

"응."

"그래, 그래. 그게 바로 '기소불욕물시어인'이야. 참 멋진 말이지? 내가 싫어하는 거 다른 사람한테 하지 않기! 자, '기소불욕물시어인'이 무슨 뜻이라고?"

"내가 싫어하는 거…… 사람…… 뭐였지?"

"천천히 따라 해 봐. 내가 싫어하는 거……."

내가 적당한 길이로 끊어서 천천히 말해주니 아이들이 따라 했다. 눈을 크게 뜨고 조심스레 발음하는 모습이 마치 한국어를 배우는 외국인 같았다. 그러기를 몇 번. 마침내 문장 전체를 또박또박 발음했다.

그날 이후, 나는 틈나는 대로 뜻을 물었고, 아이들은 우렁차게 답했다. 어떤 때는 자신감에 넘쳐서 속사포 랩처럼 막힘없이, 빠른 속도로 말하기도 했다. 아이들이 '기소불욕물시어인'이라는 말에 익숙하게 된 덕분에 달라진 풍경이 있다. 둘이 서로에게 해서는 안 될 행동을 하면 나는 부드러운 목소리로 말한다. "얘들아, 방금 그 행동은 '기소불욕물시어인'을 실천한 걸까? 아닌 걸까?" 이 짧은 몇 마디만으로도 두 형제는 씩 웃고 하던 행동을 멈춘다. 그야말로 짧지만 굵은 훈육이 가능하게 되었다.

몇 개월이 지나고 해가 바뀌었지만 나는 여전히 아이들을 훈육할 때

'기소불욕물시어인'을 활용했다. 그러던 어느 날, 며칠 전 독서토론회에서 끝내 시원한 답을 찾지 못한 문제에 대해 곰곰이 생각 중이었다. 로운이가 다가와 나를 안으며 해맑게 웃었다. 이 네 살배기의 도움을 받아볼까? 아이가 툭 내뱉은 말이 신선한 답이 될 때도 종종 있으니까.

"로운아, 엄마가 저번에 독서 모임 갔다가 고민거리가 좀 생겼거든. 로운이는 어떻게 생각할지가 궁금하네. 만약에 로운이가 학교에 다니는데, 친구들이 로이(내가 이야기를 만들어서 들려줄 때 자주 등장하는 아이)랑 안 놀고, 괴롭히면 로운이는 어떻게 할 거야?"

"몰라."

"음……. 엄마라면 친구들에게 그러면 안 된다고, 함께 놀자고 할 거야."

"나도 그럴 거야."

"그런데, 또 다른 문제가 생길 수도 있어. 친구들이 '김로운! 만약에 로이랑 놀면 너하고도 안 놀 거야!'라고 할지도 몰라. 그러면 어떻게 할 거야?"

"몰라."

로운이는 동그란 눈을 껌뻑이며 나를 응시했다. 몹시 궁금해하는 얼굴이었다. 솔직히, 나도 묘책이 없어서 물어봤던 것인데……. 오히려 이 네 살배기에게 어떤 답이건 해줘야 하는 분위기였다. 나는 잠시 뜸을 들인 뒤 입을 열었다.

"음……. 어쩌면 그 친구는 자신이 얼마나 잘못을 하고 있는지 모를 수도 있어. 그러니까 부드럽게 타이르면서 알려주는 건 어떨까? 엄마라면 이렇게 말할 거야. '친구야, 나에게는 너랑 로이가 모두 소중해. 좋은 친구라면 친구가 잘못을 저지르지 않도록 도와줘야 한다고 생각해. 로이랑 놀지 말라고 하는 건 옳은 행동이 아니잖아. 너도 누가 너를 따돌린다면 어떨 거 같아? 생각해봐, 지금 로이가 얼마나 속상하고 슬플지를. 누군가가 네 덕분에 행복한 게 좋지, 너 때문에 괴로운 건 안 좋잖아. 그러니까 우리 다 같이 사이좋게 놀자. 나는 네가 잘못을 멈췄으면 좋겠어. 너를 아끼니까 하는 말이야. 만약에 누군가가 너에게 잘못을 멈추라고 얘기하지 않고, 오히려 함께 로이를 따돌린다면 그 친구는 너를 아끼는 게 아니야. 좋은 친구가 아니야. 그래도 나한테 로이랑 놀지 말라고 계속 말하면 나는 너랑 친구로 지낼 수 없어. 나도 너랑 안 놀 거야.' 흠…… 엄마 말이 좀 길어졌지? 그러니까…….”

생각의 정리가 제대로 안 된 상태면 얘기가 장황해진다. 그런데도 로운이는 잠자코 들어주었다. 나는 네 살의 눈높이에 맞게 정리해주고 싶었다. 내가 잠시 생각에 잠겨 있는데, 로운이가 단호하게 말했다.

“'기소불욕물시어인'이야.”

꼬여있는 실타래처럼 복잡하기만 한 나의 말을 단 열 글자로 정리하다니! '스승보다 나은 제자'라는 말은 이런 때를 두고 하는 말일 게다. 로운이는 그간 내게서 들어왔던 말을 너무나도 적절한 때에 활용했다. 나는 생각조차 못 했는데 말이다. 가슴이 뻥 뚫린 것 같고, 흐뭇하기 그지없었다. 고개를 끄덕이며 로운이의 머리를 쓰다듬어주었다.

내가 기뻤던 더 큰 이유가 있다. 그동안에는 늘 내가 먼저 '기소불욕물시어인'을 언급했었다. 아이들을 훈육하거나 그 뜻을 수시로 강조하면서. 하지만 처음으로 로운이가 먼저 꺼낸 것이다. 나는 내 아이들이 그 말의 뜻을 아는 데만 그치지 않고, 자연스럽게 실천하는 사람이 되기를 바란다. 그날 로운이에게서 그 가능성을 보았다. 녀석은 실천으로 갈 수 있는 첫걸음을 뗐다. 앵무새처럼 뜻만 읊어대는 것이 아니라 그 말을 스스로 끄집어내고 판단의 기준으로 활용했으니 말이다.

타인을 돕는 일의 의미

식탁에서 밥을 먹던 라온이가 벽을 물끄러미 응시했다. 그 시선이 머문 곳에는 투명 비닐로 튼튼하게 코팅된 A4용지가 있었다. 김훈, 헤르만 헤세, 헤밍웨이를 비롯한 유명 작가들의 사진이 담겨 있는 종이였다. 붙인 지 일주일이 넘었건만, 이제야 눈에 들어온 모양이다.

"엄마, 이게 뭐야?"

"응, 위대한 작가들의 사진이야."

"위대한 작가가 뭐야?"

"좋은 글을 쓴 작가. 사람들에게 감동을 주고, 도움을 주는 글을 쓴 훌륭한 작가지."

"근데 이걸 왜 여기 붙여 놨어?"

"신임이 이모가 선물해준 건데, 이 사람들의 사진을 수시로 보고 글을 쓰면 엄마도 위대한 작가가 될 거래."

나의 작은 언니이자, 《7년간의 마법 같은 기적》의 저자인 노신임 작가는 선물을 주며 신신당부를 했었다. 내가 주로 글을 쓰는 곳에서 잘 보이는 위치에 붙여놓으라고. 대개 식탁에서 글을 썼으니 지금의 그 자리가 안성맞춤이었다. 노트북 키보드를 두드리다가 고개를 들면 유명 작가들과 한 공간에서 집필 중이라는 착각이 들곤 했다.

라온이가 고개를 한쪽으로 기울이더니 눈을 껌뻑이며 생각에 잠겼다. 그러고는 도무지 이해가 안 간다는 표정으로 말했다.

"엄마가 이 사람들보다 더 위대한 작가인데……."

"어머나! 정말?"

"응."

당연한 걸 묻는다는 듯한 반응이었다. 무엇 때문에 내가 위대한 작가라는 것일까? 당시는 나의 책이 아직 세상에 나오기 전이었는데도 말이다. 이유를 물었더니 이 다섯 살은 1초의 망설임도 없이 답했다.

"난 알아."

이 행복한 사건(?)은 아무래도 전날 있었던 일 덕분인 것 같았다. 우리 가족은 숲길을 걸었었다. 늦여름의 햇볕이 따갑게 내리쬐던 날이었지만 초록 나뭇잎들이 만들어준 그늘 덕에 덥기는커녕 선선하기까지 했다. 자연의 그늘막 아래서 풀벌레와 산새 소리의 화음, 흙냄새와 어우러진 야생 꽃향기가 더 진하게 느껴졌다.

나는 세 살 로운이의 손을 잡고 그 보폭을 맞추며 느긋하게 걸었다. 아빠와 멀찌감치 앞서 걷고 있던 라온이가 달려오더니 한껏 들뜬 목소리로 말했다.

"엄마! 저기 뱀 있어."

"진짜? 어디에?"

"저기 가면 있어."

흥미로 가득 찬 녀석의 기분에 맞장구를 쳐줄 수가 없었다. 뱀이라니…… 심장이 쿵쾅거렸다. 풀숲 위에 서 있던 나는 라온이, 로운이의 팔을 잡아끌며 재빨리 흙길로 올라섰다. 어디로 가야 더 안전할지 고민하고 있는데, 때마침 남편이 왔다. 작은 뱀이었고, 숲속으로 사라졌다는 그의 말에 비로소 걸음을 뗐다.

라온이는 내 손을 잡고 걸으면서 그 뱀의 생김새와 움직임에 대해 재잘거렸다. 조금 뒤, 옆에 있던 남편이 걱정스레 말했다. 혼잣말 같았지만 나도 들을 수 있는 목소리로.

"뱀 있는데…… 위험할 텐데……."

그의 시선이 향한 곳을 보니 맞은편에서 50대 후반 정도의 남자가 걸어오고 있었다. 흙길이 아닌 풀숲으로. 그 순간 나는 두 손을 모아 양 입가에 대고 있는 힘껏 외쳤다.

"어르신, 아까 오다가 풀에서 뱀을 봤거든요. 조심하세요!"

그분이 고개를 끄덕이며 서둘러 흙길로 올라섰다. 우리 곁을 지나갈 때는 활짝 웃으며 고맙다고 했다.

낯선 사람에게 큰소리로 무언가를 알려주기. 수줍음이 많은 남편은 상상도 할 수 없는 일이다. 사실, 나도 그와 다를 바가 없었다. 하지만 달라졌다. 나를 낳고 길러주신 분 덕분에.

나의 엄마 한영심 여사는 모르는 사람에게 스스럼없이 말을 붙이고 농담까지 나눈다. 심지어 외국인에게도(물론 한국어로). 한때는 엄마가 왜 굳이 말을 거는지 이해가 안 갔고, 부끄럽기도 했다. 하지만 티를 내진 않았다. 엄마는 낯선 이들과의 대화에 나까지 끌어들이곤 했는데, 그나마 나의 사교성이 그럭저럭 분위기는 맞춰줄 수 있는 수준이라 다행스러웠다. 나는 최소한의 맞장구를 쳐주며 웃음을 지어주었다. 엄마가 무안하지 않도록.

시간이 흐르면서 엄마의 그런 모습에 익숙해졌고, 언젠가부터는 감탄하는 순간이 점점 많아졌다. 그 누구와도 편하게 대화 나누고, 분위기를 순식간에 화기애애하게 만드는 능력에. 이제 나는 엄마가 '유쾌한 넉살꾼'인 게 참 좋다. 사랑스럽고, 때로는 귀엽기까지 하다.

부모의 행동은 자식에게 서서히 스며든다. 나도 낯선 사람들에게 말을 걸기 시작했고, 아이를 낳은 후부터는 정도가 심해졌다. 버스, 지하철, 공원, 놀이터에서 내 가까운 곳에 아기가 보이면 으레 "아기가 지금 몇 개월 됐어요?", "아유 예뻐라. 아기 천사가 나들이 나왔구나. 까꿍." 하면서 말을 건다. 나도 아기를 키우는 사람이니까 그러려니 할 수 있다. 하지만 시간이 흐를수록 대상이 점점 다양해지더니 어른, 아이 가리질 않았다. 비록 한영심 여사처럼 누구를 막론하고 대화를 유쾌하게 풀어나가는 수준까지는 도달하지 못했지만, 낯선 사람을 어려워하지는 않는다.

모를 일이다. 언젠가는 나도 엄마처럼 될지도. 엄마의 딸이니까.

넉살을 부리는 성격으로 바뀌고 나니 특히나 좋은 점이 있다. 낯선 이에게 다가가 도움을 주는 것에 거리낌이 없다. 뙤약볕 아래에서 누군가를 기다리는 시각 장애인을 그늘로 옮겨주기, 불편한 다리로 계단을 오르는 할머니를 부축해드리기, 지하철 의자에 앉아 있을 때 내 앞에 서 있는 이의 무거운 짐 들어주기……. 물론 도움이라 말하기에도 민망할 정도의 일들이다. 그런데, 어떤 이들은 그걸 알면서도 막상 행동으로 옮기지 못한다. '부끄러움'이 입과 다리를 붙잡고 있어서가 아닐까? 내 남편처럼.

라온이는 내가 뱀의 위험에서 한 어르신을 구해준(?) 과정을 조용히 지켜봤다. 아빠처럼 수줍음이 많은 이 꼬마에게 알려주고 싶었다. 누군가를 돕는 것은 부끄러운 것이 아니라, 오히려 자랑스러운 일임을.

"라온아, 엄마 잘했지?"

녀석은 대답 대신 순한 양의 미소를 보였을 뿐이다. 하지만, 엄마의 행동을 흐뭇하게 여긴 것은 분명했다. 다음 날, 나를 '위대한 작가'라고 칭할 정도로.

그 후로도 나는 라온이와 로운이 앞에서 누군가를 자연스레 도왔다. 그때마다 씽긋 웃어 보이는 나를 향해 둘은 만족감을 담은 미소를 지었다. 엄마의 선행을 지켜보는 일은 두 작은 천사에게는 특별하고 기분 좋은 사건이었다. 그런 나날을 보내던 내게 한 권의 책이 경종을 울렸다.

종교지도자들은 신을 위하여 하는 모든 것은 그저 당연한 일이라는 점을 간과하고, 자비로운 행위를 가치 있는 것으로 여기는 잘못을 범하곤 한다. 우리가 가난한 사람을 돕는 것은 그저 우리의 의무를 행하는 것뿐이다.

-《칸트의 교육사상》 중에서(임마누엘 칸트)

타인을 돕는 것은 '가치 있는 것'이 아니라 '의무를 행하는 것'이라니! 누군가를 돕고 나면, 일부러 라온이와 로운이를 향해 미소 지어 왔던 나였는데……. 부끄러울 따름이다. 내 행동이 가치 있고 특별한 것이라고 아이들에게 심어주려 했던 것이.

부끄러움이 한바탕 훑고 지나간 가슴이 곧 짜릿함으로 벅차올랐다. 나아갈 길을 선명하게 깨달았을 때 느낄 수 있는 감정이다. 나는 다짐했다. 칸트의 태도를 따르고 내 아이들도 그 방향으로 지도하기로.

녀석들은 낯설어할 것이다. 누군가를 도운 뒤 씽긋 웃어 보이지 않고, 별다른 얘기도 없는 엄마의 모습을. 하지만 잠시뿐이다. 여섯 살, 네 살의 관찰력과 판단력은 놀라우니까. 둘은 곧 적응하고, 그 속에 담긴 내 의도를 자연스럽게 받아들일 것이다.

-¦-

세상에 온기를 채우는 심성

라온이가 책을 더 읽어달라며 고집을 부렸다. 낮잠 자러 들어갈 시간에 맞춰 읽어주기로 한 책들을 모두 읽어준 터였다. 생후 35개월 된 아이가 책을 좋아하고 욕심까지 내는 모습이 언제나 기특한 것만은 아니었다. 며칠째 낮잠 시간마다 같은 상황이 반복됐다. 그 마음을 모르는 바는 아니었다. 책을 더 읽고 싶기도 하고, 더 놀고 싶기도 했던 것이다. 하지만 그 뜻을 받아줄 수는 없었다. 녀석의 얼굴에 졸음이 짙게 깔려 있었다. 조금 있으면 피곤 때문에 짜증을 부릴 게 뻔했다. 더군다나 더 지체했다가는 낮잠 기회를 놓쳐버릴 수도 있었다. 먼저 꿈나라에 가 있던 로운이가 조만간 깰 시간이었다. 그전에 라온이를 재우고, 로운이의 간식까지 준비해두려면 시간이 빠듯했다.

"라온아, 우리 이 책만 읽고 자러 가기로 약속했잖아. 그래서 엄마가 정성껏 읽어준 거야. 그리고, 라온이는 지금 자야만 해. 너무 졸려 하는 게 엄마 눈에는 다 보여. 낮잠을 자야지 더 건강해지고 무럭무럭 자랄 수 있어. 자고 나면 더 신나게 놀 수 있어. 그러니까 자러 가자. 응?"

라온이는 고개를 세차게 흔들더니 손에 든 책을 내게 내밀었다. 더는 지체할 수 없으니 최후의 방법을 써야만 하는 걸까? 녀석의 요구는 절대 들어줄 수 없음을 강조하면서 무서운 얼굴로 단호하게 말하는 것 말이다. 요 며칠 그래야만 라온이가 뜻을 굽히고 침실로 향하곤 했다. 오리 주둥이만큼이나 삐죽 내민 입술로 한숨을 푹푹 내쉬면서. 그렇게까지 해서라도 낮잠을 챙겨야만 했다. 아직은 낮잠이 보약인 나이니까.

비록 토라진 채로 침대에 눕기는 했지만, 녀석은 한숨 자고 일어나면 언제 그랬냐는 듯 기분 좋은 얼굴로 웃었다. 자는 동안 기운을 가득 충전한 덕분에 더욱 활기차게 놀았다. 스스로가 낮잠 자기를 잘했다고 말할 정도였다. 결과적으로는 엄마 뜻을 따르는 게 자신에게 좋다는 것을 매번 깨달았다. 하지만 그 과정에서의 마음은 좋지 않았다.

나도 마찬가지였다. 쌔근거리며 잠든 라온이의 숨소리를 확인한 후 방 밖으로 조심조심 나올 때면 깊은숨을 내뱉곤 했다. 안도감이 아닌 안타까움에서 비롯된 한숨이었다. 아이에게 고압적인 태도를 보이며 설득하는 것이 싫었지만 어쩔 수가 없었다.

그날만큼은 그런 식으로 재우는 것이 도무지 내키지 않았다. 여느 때처럼 고집을 부리는 라온이를 가만히 바라보다가 차분하게 말했다.

"라온아, 엄마가 중요한 얘기를 해줄게."

"뭐?"

"엄마는 라온이가 뭔가를 해달라고 하는 걸 들어주는 게 아주 기뻐. 반면에 해달라고 하는 걸 못 들어주면 기분이 안 좋지. 지금 낮잠 잘 시간이 많이 늦어져서 책을 더는 읽어줄 수가 없거든. 그런데도 라온이는 계속해서 읽어달라고 하고 있어. 엄마는 라온이의 요구를 들어줄 수가 없어. 어쩔 수가 없는 거야. 그럼 엄마 기분이 어떨까?"

라온이는 고개를 한쪽으로 기울인 채 생각에 잠겼다. 이윽고 맑은 눈동자로 내 눈을 바라보며 말했다.

"엄마, 그러면 이 책은 자고 일어나면 읽자. 그러자."

솜사탕처럼 달콤한 목소리로 다정하게 말하는 라온이. 더 놀고 싶은 마음마저 접었는데도 아쉬워하는 기색이 없었다. 오히려 얼굴에 자상함까지 비쳤다. 속상함으로 굳어버릴 뻔했던 내 마음이 사르르 녹았다. 나는 녀석을 힘껏 안아주었다. 내게 행복을 안겨준 고맙고도 대견한 작은 천사를.

"응, 그러자. 고마워, 라온아. 엄마가 거절하지 않게 해줘서."

라온이는 내 손을 잡고 앞장서서 침실로 향했다. 그리고 여느 때처럼 빠르게 잠들었다.

이제껏 내가 이용했던 설득 거리는 한결같았다. 낮잠을 자면 녀석에게 얼마나 좋은지를 거듭 강조하는 것. 하지만 그 말들은 힘없이 허공에 흩어질 뿐이었다. 그랬던 라온이가 이번에는 달랐다. 낮잠을 자려는 이유가 달라서다. '자신을 위해서'가 아닌 '엄마를 위해서'니까.

돌이켜보면 녀석은 말도 못 하는 어린 아기였을 때도 내가 춥다고 하면 아장아장 걸어가서 나의 겉옷을 품에 안고 오고, 그리 좋아하는 아기 과자를 먹을 때도 어김없이 내 입에 꼭 넣어주며 내게 행복을 안겨주었다. 전에는 그런 행동들이 그저 엄마를 아끼고 사랑하는 마음 덕분이라고만 여겼다. 하지만, 그날은 미처 보지 못했던 것을 처음으로 보았다. 녀석의 마음속에 자리한 또 다른 고운 심성을. 효심보다 더 크고 위대한, 남을 위하거나 이롭게 하는 마음……. 바로 '이타심'이었다.

자식의 마음속에 이타심이 있다는 것은 그 자체만으로도 흐뭇한 일이지만 내게는 의미가 더욱 컸다. 가슴이 벅차기까지 했다. 내가 나아가고자 하는 길을 내 아이와 함께 걸어갈 수 있다는 가능성을 봤기에. 내가 바라는 것은 이 세상을 따뜻하게 하는 데 기여하는 사람이 되는 것이다.

나는 확신했다. 라온이가 타인을 위할 줄 아는 아이임을. 하지만 녀석은 그 고운 행동을 가족에게만 했다. 이유는 단 하나. 가족 외에 다른 사람과 교류할 기회가 없었을 뿐이다. 그 흔한 어린이집에 다니지도, 문화센터에 가지도 않았으니까. 시간은 흐를수록 라온이를 다양한 사람과 만나고 교류하도록 이끌 것이다. 라온이의 보석 같은 심성은 사람들 속에서 어떤 식으로든 빛날 수밖에 없다.

내 짐작은 틀리지 않았다. 라온이는 다섯 살이 되어 유치원에 다니기 시작했다. 선생님은 녀석의 유치원 생활을 매일같이 전화로 알려주었다. 선생님에 따르면 라온이는 너무 기특한 아이였다. 엄마와 떨어져서 낯선 사람들과 몇 시간을 보내는 게 처음인데도 울지도 않고 밥도 잘 먹었으니까. 비록 함께 놀거나 먼저 다가가는 일이 없었지만, 라온이는 한자리에서 가만히 친구들을 지켜봤다. 이따금 자리를 벗어났다가 다시 돌아오곤 했는데, 친구들이 필요로 하는 물건들을 말없이 가져다주고 오는 것이었다. 휴지, 가위, 풀, 테이프 등을. 나는 선생님과 통화할 때마다 같은 말을 꼭 들었다. 소리 없이 누군가를 챙겨주는 라온이 모습이 너무 감동적이라고.

세상을 따뜻하게 하기 위해서는 그리 거창한 일을 해야 하는 게 아니다. 라온이가 나를 위해, 그리고 유치원 친구들을 위해 하는 것만으로도 가능하다. 그런 마음과 행동들이 모여 훈훈함이 쌓이고, 우리가 살아가는 곳을 온기로 채우리라.

-¦-

우는 형아 옆에서

주말 이른 아침, 라온이가 서럽게 엉엉 울었다. 몇 분 전까지는 두 팔을 번쩍 올리고 토끼처럼 깡충거리기까지 했었는데…….

녀석은 잠에서 깨어 거실로 나와서는 소파에 앉아 있던 아빠로부터 희소식을 들었었다. 아빠가 회사에 안 가는 날이라는 말을. 온종일 아빠와 놀 생각은 커다란 오색 풍선이 되어 다섯 살배기를 하늘로 띄웠다. 하지만 둥실둥실 올라가 구름보다 더 높은 곳에 이르렀다가 한순간 딱딱한 땅으로 곤두박질쳐버렸다. 뒤이은 아빠의 말 한마디가 날카로운 송곳이 되어 풍선을 터뜨려버린 것이다.

"잠깐 운동 하고 올 테니까 다녀와서 놀자."

라온이는 아빠를 붙잡고 애원했다. 싫다고, 지금 놀자고. 남편은 다정한 얼굴과 목소리로 같은 말만 반복할 뿐이었다. 그러고는 미소를 띠며 현관문을 나섰다. "금방 올게."라는 말을 남기고. 닫힌 문 너머로 들려오는 자식의 통곡 소리에도 발걸음을 돌리지 않았다.

매정한 아빠처럼 보일 수도 있겠다. 하지만, 그는 좋은 아빠임이 분명하다. 두 아들을 끔찍이도 아끼고, 아무리 힘들어도 쉬지 않고 놀아주고, 아침마다 건강에 좋은 사과를 먹기 좋게 잘라서 준다. 운동을 너무나 좋아하기에 전에는 퇴근하면 매일같이 1시간 넘게 달리기를 하고, 헬스장에서 근육을 단련하고, 주말이면 등산도 즐겼었는데……. 아빠가 된 후로는 아이들이 잠든 후 늦은 밤이나, 새벽에 운동을 서둘러 하고 집으로 돌아왔다. 그런 그에게 주말 아침 운동은 포기하기 힘든 것이었다. 하지만 아쉬운 면도 있다. 아이를 타이르고 설득할 때, 감정을 우선 인정해주는 것이 약한 편이다. 그 때문에 아이의 속상함을 더 키우기도 한다. 오늘처럼.

나는 안방 침대에 누운 채 아빠와 아들의 대화를 처음부터 다 들었다. 아빠를 붙잡는 목소리가 점점 더 커지고 소란스러웠지만, 여전히 나가보지 않았다. 차분히 기지개를 켠 후 가벼운 스트레칭을 하면서 귀만 기울였다. 내 나름의 원칙을 지키는 중이었다. 아이들의 문제에 일단은 개입하지 않기! 아이 스스로 괜찮은 방법을 찾는 기회를 주기 위함이다. 기다려본 결과, 내가 없이도 상황이 나아진 것을 많이 경험했다. 물론, 도무지 해결이 안 될 때는 나서기도 했지만, 아이들 스스로 해결책을 찾았던 순간이 많았다. 비교도 할 수 없을 만큼.

그날 아침의 라온이는 문제를 원만하게 해결하지 못했다. 아빠가 자신의 손을 놓고 나가 버린 게 속상해서 집 안이 떠나갈 듯 울기만 했다. 나는 비로소 자리를 털고 일어나 방 밖으로 나갈 채비를 했다. 막 한 걸음을 뗐을 때, 로운이의 목소리가 들렸다.

"형아, 왜?"

투박하지만 걱정이 어린 말투에 내 걸음을 멈췄다. 이 세 살배기가 또다시 나를 따라 하려는 참인 듯했다. 녀석은 평소에도 종종 형에게 엄마인 양 행동하곤 했다. 대개 근엄한 말투로 형을 가르치려 들 때가 많았다. "형아, 어서 밥 먹어야지.", "형아, 이 먼저 닦고 놀아야지." 하면서. 이번에는 우는 형을 달래주기로 마음먹은 모양이다.

과연 형의 슬픈 마음을 보듬고 위로를 건넬 수 있을까? 솔직히 별 기대를 안 했다. 라온이의 마음속에는 서열이 잡혀있었다. 자신이 동생보다 높은 위치에 있다고 여기다 보니 둘이 놀 때면 늘 주도권을 쥐려 했다. 무엇을 하건 자신이 먼저여야 한다고 주장했다. 또한 다른 사람에게는 친절하고 상냥했지만 동생 앞에서만큼은 때로는 소위 '센 형아'처럼 엄하게 굴기도 했다. 그러니 동생이 엄마를 따라 하며 건넨 말들도 대부분 따르지 않았음은 말할 것도 없다. 그런 녀석이 과연 자신이 우는 이유를 동생에게 얘기해 줄까?

"아빠가……(흑흑) 나랑 안 놀고……(흑흑) 운동하러 나갔어!"

내 짐작이 보기 좋게 빗나갔다. 라온이는 울음을 참아가며 가까스로 말을 마치고는 목 놓아 울기 시작했다. 동생에게 기대다니! 혀 짧은 소리로 말하고 발음마저 부정확한 세 살배기에게 말이다. 나는 뜻밖의 상황에 조금 놀랐지만, 한편으로는 이해가 갔다. 그만큼 라온이의 설움이 깊었던 게다. 누구에게라도 기대고 싶을 만큼. 사람의 마음이 그렇다. 깊은 슬픔이 닥치면 세상에 혼자 남겨진 것 같은 기분마저 들고, 외로움 속에서 슬픔은 더욱 부풀어 마음이 휘청거린다. 그때 누군가의 손길은 어둠 속 한 줄기 빛과 같다.

형의 대답을 잠자코 들어준 로운이가 말했다.

"울지 마, 형아. 갠차나(괜찮아). 갠차나(괜찮아)."

녀석의 모습이 내 눈에 선했다. 작은 단풍잎 같은 손으로 형의 등을 쓰다듬고, 토닥이고, 들썩이는 어깨에 두 손을 올려 감싸 안아주었으리라. 내가 늘 그랬듯이. 세상 그 어떤 것도 그보다 다정하고 따뜻할 수가 없다.

라온이는 차츰 안정을 찾아갔다. 그리고 이내 울음을 멈추더니 나지막이 말했다.

"로운아……, 우리 자석 블록 놀이할까?"

"좋아!"

블록 소리가 들렸다. 통에 담겨 있다가 와르르 쏟아지는 소리, 두 꼬마가 열심히 뒤적인 탓에 서로 부딪히는 소리……. 그것은 소음이 아니었다. 아이들의 익살스러운 웃음과 어우러진 행복의 하모니였다.

그날 로운이는 내게 감동과 깨달음을 안겨주었다. 그 어떤 꾸밈도 없는 순수한 인격체의 행동은 그처럼 작지만 강하다. 덕분에 내 지난 시간을 되돌아봤다. 나는 가끔은 바쁘다는 핑계로 아이들의 울음에 아무런 반응을 하지 못했다. 하고 있던 설거지, 빨래, 청소 따위를 마무리하는 것을 우선시했기에 울고 있는 이의 곁에 있으면서도 슬픔을 헤아리고 위로해 주는 일을 뒷전에 두었던 것이다. 무엇이 우선이고, 무엇이 소중한지를 모르는 건 참으로 어리석은 일이다. 엄마가 일을 모두 끝마칠 때까지 그저 울기만 하던 녀석들……. 얼마나 슬펐을까? 얼마나 외로웠을까? 앞으로는 그 슬픔에 귀를 기울이고 한 줄기 빛 같은 손길을 내미는 것을 우선시하는 엄마가 되려 한다. 세 살의 로운이에게 배운 대로.

누군가에 대해 말할 때는

황희 정승이 시골길을 지나다가 소 두 마리로 논을 가는 농부를 보고 큰 소리로 물었다.

"노란 소와 검은 소 가운데 어떤 소가 더 쟁기질을 잘하오?"

농부는 가까이 다가와서 황희 정승의 귀에다 대고 조용히 말했다.

"검은 소가 더 잘합니다."

황희 정승이 이상히 여겨 또 물었다.

"거기에서 대답해도 될 것을 여기까지 나와서 귀엣말로 하는 이유는 무엇이오?"

농부는 또다시 속삭였다.

"아무리 짐승이지만 잘 못 한다 하면 섭섭하지 않겠습니까?"

초등학교 수업 때 이 얘기를 듣고 나는 희미한 탄식을 내뱉었었다. 삼십 년이 훨씬 지난 지금까지도 감탄의 여운이 남아 있다. 말 못 하는 짐승도 이리 대하는 것을 보면 농부가 사람에게는 어떻게 했을지 짐작할 만하다. 그를 본받고자 노력해온 나다. 그 생각은 엄마가 된 이후에도 변하지 않았다.

라온이가 포크로 딸기를 찌르려다 멈췄다. 그러고는 남편과 통화 중인 내게로 고개를 돌렸다. 조금 전에 내가 전화기에 대고 했던 말 때문이다.

"글쎄, 아까 라온이가 어땠는지 알아?"

사람들은 세상의 수많은 이야기 중 '나'에 대한 것이라면 그 어떤 것보다 관심을 둔다. 아이라고 해서 다르지가 않다. 오히려 그 마음을 투명하게 드러낸다. 라온이도 그랬다. 내가 누군가에게 자신의 얘기를 하는 걸 알아채면 아무리 좋아하는 것이라도 하던 것을 멈췄다. 생후 20개월의 꼬마가 나의 입에 온 신경을 집중하는 모습이 여간 귀여운 게 아니었다. 나는 일부러 큰 소리로 통화했다. 대화 상대는 남편이었지만 내 옆의 귀염둥이가 듣기를 바랐다.

"내가 빨래를 개는데, 라온이가 양말 짝을 찾아주었지. 덕분에 정리가 빨리 끝났어. 라온이가 요즘 집안일을 많이 한다니깐."

"라온이한테 나도 뻥튀기 한 개만 주면 안 되겠냐 했더니 글쎄 두 개나 주더라고. 와! 정말 감동이더라. 완전 꿀맛이었어."

"우리 라온이 효심이 엄청 깊어. 내가 아빠를 위해서 장난감을 정리하는 게 어떻겠냐고 했거든. 아빠가 퇴근하면 장난감 정리하느라 제대로 못 쉰다면서. 그랬더니 '아빠', '아빠' 하면서 바로 정리하는 거 있지. 정말 효자지?"

전화를 끊고 씽긋 웃어주는 내게 라온이는 눈웃음으로 화답했다. 그 소박함이 참 좋았다. 고작 내 말 몇 마디에 이리도 좋아하다니. 녀석이 마침내 딸기를 찍어 한입 베어 물고 오물거렸다. 세상에서 가장 달콤한 과즙이 입안을 채웠으리라.

사실, 남편에게 전하지 않은 라온이의 행동들이 있었다. 녀석은 잘 개여 차곡차곡 쌓인 옷들을 흩트렸고, 내가 허락 없이 뻥튀기를 하나 집어먹었더니 붉으락푸르락해진 얼굴로 분노했고, 제자리를 찾은 장난감과 책들을 다시 꺼내어 거실에 발 디딜 틈이 없게 했다.

나는 라온이의 일상을 궁금해하는 사람들(아빠, 할머니, 이모)에게 녀석의 기특하고 사랑스러운 행동들만 말했다. 덕분에 하루에도 몇 번이나 볼 수 있었다. 흐뭇함에 가득 차서 초롱초롱 빛나는 작은 눈망울을.

누군가의 잘못이나, 그 사람에 대한 부정적인 얘기를 다른 이에게 전하는 것은 신중에 신중을 기해야 한다. 하지만 그런 행동을 가벼이 여기는 사람들이 있으니 안타까울 따름이다. 당사자가 옆에서 듣고 있는데도 서슴지 않는다. 얼마나 고약한 일인가!

라온이와 놀이터에 갔을 때다. 녀석은 늘 그랬듯 나뭇잎과 나뭇가지들을 주웠다. 그러고는 벤치에 앉아 있는 내게로 와서 내 손바닥에 차곡차곡 쌓았다. 이따금 미끄럼틀, 그네, 시소에서 노는 아이들을 물끄러미 바라보기만 할 뿐 그 근처에는 얼씬도 안 했다.

"라온이도 미끄럼 타고 노는 게 어때? 봐봐. 저기 형아들은 엄청 신나서 웃고 있잖아."

"형아 다 타고나서 라온이 미끄럼 타."

"그럼 엄마랑 같이 가서 타볼까?"

"형아 다 타고나서 라온이 미끄럼 타!"

"그래, 그럼. 라온이가 타고 싶을 때 타자."

그맘때 라온이는 낯선 이들과 어울리는 것은 물론이요, 가까운 거리에 있는 것조차도 꺼렸다. 그 모습을 보며 사회성을 염려하는 사람들이 제법 있을 정도였다. 하지만 나는 녀석이 사람들과 어울리도록 애써 이끌지는 않았다. 일단, 가족 외에 어울리는 사람이 거의 없는 아이로서는 당연한 반응 같았다. 무엇보다도 시간이 해결해줄 문제 같았다. 앞으로 다양한 사람들을 만날 기회가 점점 더 많아질 테니까. 실제로 변화를 감지하기도 했다. 공원이나 놀이터로의 나들이 횟수를 늘렸더니 라온이는 어느 순간부터는 낯선 사람이 다가와도 더는 소리를 지르지 않았다. 비록 내가 바로 옆에 있을 때뿐이었지만.

미끄럼틀에서 노는 아이들이 아무도 없자, 드디어 라온이가 마음 놓고 놀기 시작했다. 철 계단을 오르는 걸음마다 경쾌한 통통 소리가 났다. 까르륵거리며 미끄럼을 타고, 다시 계단을 오르기를 반복했다. 혼자서도 마냥 신났다. 나는 의자에 앉아서 손을 흔들어주었다.

몇 분 뒤, 비명에 가까운 소리가 울려 퍼졌다. 라온이가 미끄럼틀 계단 꼭대기 난간에 거머리처럼 달라붙은 채 공포에 질린 얼굴로 악을 써댔다. 돌쟁이로 보이는 아기가 계단을 천천히 기어 올라오는 것을 보면서.

내가 달려가서 괜찮다면서 손을 뻗자, 라온이는 내 손을 꽉 잡고 탈출하듯 허겁지겁 내려왔다.

극도의 불안에 휩싸인 것 같았지만 녀석을 달래는 것은 의외로 간단했다. 나와 나란히 의자에 앉아 있는 것만으로도 빠르게 안정을 찾았다. 라온이는 미끄럼틀에서 노는 그 동생을 호기심 어린 눈으로 응시했다. 그때, 우리 옆 의자에 앉아 있던 할머니가 말을 걸었다.

"아이가 몇 살이에요?"

"4개월 있으면 두 돌 돼요."

"곧 두 돌인데 아직도 이렇게 낯가림이 심한가 보네요?"

사람들로부터 같은 얘기를 한두 번 들은 것이 아니었다. 대다수는 안타깝고 걱정스러운 마음에 묻는 것이리라. 하지만, 몇몇은 '좀처럼 이해하기 어렵다. 전문가를 좀 만나야 하지 않겠느냐?'는 마음을 내비치는 사람들도 있었다. 이 할머니도 그랬다. 나는 여유로운 미소를 머금고 답했다.

"신중한 편인 거죠. 시간이 지나고 익숙해지면 편하게 잘 놀아요."

내가 라온이에게로 시선을 돌리고 머리를 쓰다듬어주자, 녀석은 수줍은 미소를 지었다. 할머니가 축구공처럼 볼록한 내 배를 보고 또 물었다.

"둘짼가 보네요. 아들이래요? 딸이래요?"

"아들이요."

"형한테는 남동생이 좋지. 그래도 엄마한테는 딸이 있어야 하는데……. 딸들이 커서 효도하지, 아들들은 키워봤자 소용없어요. 딸 하나 더 낳으세요."

역시나 어디를 가건 듣는 말이었다. 그때마다 라온이의 기분이 유쾌해 보이지 않는 것은 분명했다. 나는 또다시 여유롭게 말했다.

"그래도 아들 중에 효자도 많잖아요. 얘도 그럴 거예요. 지금도 아주 효자인걸요."

조금 뒤, 다섯 살 정도 돼 보이는 남자아이가 킥보드를 타고 왔다. 녀석이 바람을 가르며 놀이터를 누비는 동안 뒤따라온 여성이 의자에 가방을 내려놓고 소리쳤다.

"조심해! 더우니까 이리 와서 물 좀 마시고 가."

아이는 가쁜 숨을 몰아쉬며 물통의 빨대를 쭉쭉 빨았다. 호기심 많은 할머니가 이번에는 그쪽에 관심을 보이며 말했다.

"얘는 이걸 엄청 잘 타네요. 아주 겁도 없이 막 타네."

할머니와 나는 대견해 하는 눈빛을 그 날쌘돌이에게 보냈다. 녀석은 신경 안 쓰는 척 빨대를 입에 물고 있었지만 엄마의 반응을 기다리고 있는 눈치였다.

"아휴, 너무 겁이 없어서 문제예요. 완전 사고뭉치예요. 사고뭉치."

그 순간 아이의 표정을 뭐라고 설명해야 좋을까? 동심들의 다채로운 표정은 때로는 말보다 더 강하고 확실한 언어다. 엄마가 말을 마치자, 녀석은 다시 빨대를 빨았다. 아주 천천히. 그 작은 목구멍이 삼킨 것은 물, 그리고 씁쓸함이었으리라.

나는 또다시 황희 정승이 만났던 농부의 말을 떠올렸다. 노란 소의 감정까지 신경써 준 그 세심함이 몹시 아쉬운 날이었다. 부디 내 아이는 타인에 대해서는 향기로운 꽃내음을 담은 말만 하기를…….

이런 생각을 공자의 말을 빌려 아이들에게 전할 기회가 있었다. 그 무렵 나는 여섯 살, 네 살 형제의 간식 시간에 《논어》를 낭독해주곤 했다.

공자께서 말씀하셨다.
"미워하는 게 있다. 남의 잘못에 대해 말하는 것을 미워하고, 아랫사람이면서 윗사람을 비방하는 것을 미워하고, 용감하기만 하고 무례한 사람을 미워하며, 과감하면서 융통성이 없는 사람을 미워한다."

– 《논어》 중에서

"얘들아, 아빠가 저녁에 집에 오시면 엄마가 낮에 있었던 일에 관해 얘기해주지? 그때, 라온이랑 로운이가 잘못했던 거 얘기해? 아니면 잘한 거 얘기해?"

"잘한 거."

"그럼 우리 라온이, 로운이는 다른 사람에 관해 얘기할 때 그 사람이 잘한 거 얘기할 거야? 못한 거 얘기할 거야?"

"잘한 거!"

두 꼬마는 동시에 큰소리로 답하고는 흡족하게 미소 지었다. 그 순간 공자가 우리 옆에 있었다면 어떤 표정을 지었을지 짐작할 만하다. 그는 험담을 경계해야 함을 강조했었다. 하지만, 라온이와 로운이는 그 가르침보다 높은 차원에서 행동하겠노라 선언하지 않았는가!

-¦-

아빠는 그림을 못 그리는 대신

남편이 고무장갑을 끼려 하자 라온이와 로운이가 다리를 붙잡았다. 그러고는 내게 애교 섞인 말투로 말했다. 설거지를 해달라고. 일 분이라도 빨리 아빠와 놀고 싶어서다. 내가 고개를 끄덕이자 둘은 캥거루처럼 껑충거렸다. 곧이어 아빠의 팔을 하나씩 붙잡고 거실로 이끌었다. 아이들은 아빠가 집에 있으면 거머리처럼 옆에 달라붙었다. 그 때문에 남편은 쉬지도 못한다며 농담처럼 말하곤 한다. 하지만 아이들과 노는 것을 누구 보다 즐긴다.

내가 설거지를 마무리할 무렵, 내내 시끌벅적하게 놀던 세 남자는 어느새 차분히 앉아 책을 읽기 시작했다. 아빠 무릎에 앉아 있던 여섯 살 라온이가 말했다.

"아빠, 이 코끼리 그려 줘."

"이거? 음…… 그래."

집 안이 고요해졌다. 남편은 어린이 책상에 앉아서 스케치북에 코끼리를 그리기 시작했다. 나도 주방에서 과일을 깎으면서 아빠의 손을 보고 있는 아이들의 모습을 머릿속에 그렸다. 색연필 선의 움직임을 좇으며 반짝이는 눈동자, 곧 드러날 그림의 윤곽을 기다리며 야무지게 다문 입…….

로운이가 침묵을 깼다.

"그게 코끼리야?"

"응, 코끼리 맞잖아."

네 살배기는 아빠의 말에 고개를 갸웃하더니 그림을 다시 살펴봤다. 하지만, 여섯 살배기는 쉽게 넘어가지 않았다.

"이거랑 똑같이 그려야지!"

"똑같이 그렸잖아. 잘 봐봐."

웃음 섞인 남편의 목소리가 뻔뻔했다. 나는 그의 그림 솜씨를 잘 알고 있다. 연애 시절, 우연히 그의 그림을 봤을 때 어금니를 깨문 채 입술을 씰룩거렸다. 웃음을 삼키는 것이 그를 위한 배려라고 여겼다. 내가 그렇게 애쓰고 있는 것도 모르고, 그가 내게 말했었다.

"난 원래 그림은 잘 못 그려. 고등학생 때 새벽까지 잠도 안 자고 열심히 미술 숙제를 해갔는데, 점수가 어떻게 나온 지 알아?"

나는 손바닥으로 입을, 아니 웃음을 틀어막은 채 고개를 저었다.

"숙제 안 해온 애랑 똑같았어."

그의 말에 결국 터지고 말았다. 나는 그저 배꼽을 붙잡고 숨이 넘어갈 듯 웃고 또 웃기만 했다. 선생님이 너무 심하셨다고 말해주질 못했다. 가끔 궁금하다. 나의 반응에 그는 서운했을까?

이따금 남편이 끄적이는 그림을 본다. 그때마다 웃음을 참기가 어렵다. 내게는 마냥 재미있기만 하다. 하지만 아이들의 반응은 달랐다. 아빠가 그려 준 코끼리를 본 둘째는 의문을 품었고, 첫째는 실망을 넘어 짜증까지 냈다.

"아니잖아! 다르잖아!"

라온이는 깊은 한숨을 내쉬었다. 다시 그려달라는 말조차 하지 않았다.

다음 날, 유치원에 다녀온 라온이가 동생을 옆에 앉히고 그림을 그렸다. 나는 과일을 접시에 담아 그 곁으로 갔다.

"엄마, 그림 그려 줘. 혹시 사슴 그릴 수 있어?"

"안 그려봤지만 한 번 해볼게."

녀석이 내민 색연필을 받아 쥐었다. 일단, 네 발로 서 있는 사슴의 옆모습을 그려냈다. 솔직히 말하면 개에 가까웠다. 머리가 작고, 날씬하고, 다리가 긴 개.

"그게 사슴이야?"

"잠깐만, 조금 더 그려야 해."

개처럼 생긴 사슴의 등에 작은 동그라미들을 그려서 점무늬를, 머리에 나뭇가지 모양의 뿔을, 엉덩이에는 솔방울 같은 꼬리를 더 그렸다.

"우와! 루돌프다. 엄마, 선물 상자도 그릴 수 있어? 이 사슴 등에 그려줘."

선물 상자 외에도 말하는 것들을 척척 그려주었다. 집, 연못, 놀이터, 빵 열매가 열린 나무……. 라온이는 감탄사를 쏟아냈다. 사실 내 그림 솜씨는 그럴 만한 수준은 아니다. 녀석을 만족시킨 비결은 따로 있었다. 그려달라고 하는 것에 아이들이 좋아할 만한 것들을 덧붙이기. '풍선'을 그려달라고 하면 풍선 밑에 바구니까지 달아서 '풍선 기구'를 그려주는 식이었다.

"엄마는 그림을 잘 그리네. 아빠는 그림 못 그리는데. 아빠는 이게 해바라기래."

내 눈에도 해바라기는 아니었다. 국화라면 모를까. 라온이가 어이없다는 듯한 얼굴을 했다. 앞으로 그 표정을 볼 순간들이 얼마나 많을 것인가! 어린아이에게 부모란 그야말로 완벽한 존재다. 이 세상 누구보다 크고, 용감하고, 뭐든 척척 해내고. 하지만 시간이 흐르면서 자식들은 맞닥뜨리게 된다. 그들 영웅의 한계와 빈틈을 보는 순간을. 믿고 기대했던 영웅이 무너지고, 알고 보니 자기와 비슷한 사람이었음을 깨달았을 때의 마음은 어떨까? 말로 다 표현하기 어려운 실망을 느낄 수도…….

거스를 수 없는 그 상황을 대비하여 어떻게 해야 할까? 나는 자식에게 실망을 주지 않도록 안간힘을 쓰거나, 부족함을 감추는 부모는 되지 않으려 한다. 어차피 아이들과 내가 같은 존재임을 인정하기 때문이다. 태어난 시기만 다를 뿐, 우리는 같은 지구에서 숨을 쉬며 살아간다. 내가 아이를 위해 해줄 일은 녀석들이 실망에만 머물지 않도록 하는 것이다.

"라온아, 그거 알아? 사람마다 잘하는 게 달라. 아빠는 그림은 잘 못 그리지만, 계산은 잘해. 엄청나게 긴 숫자들을 계산기 없이도 다 더할 수 있어."

"그래?"

"응, 암산이라는 건데, 아빠는 어렸을 때 암산을 배워서 아주 잘해. 멋지지?"

라온이는 만족스러운 미소를 지었다.

그날 저녁, 녀석이 내게 놀자고 했다. 남편이 놀 준비가 돼서 옆에 앉았는데도 말이다. 나는 하던 것이 있으니 아빠와 놀고 있으라고 했다.

"싫어. 아빠는 그림 못 그리고 엄마가 잘 그린단 말이야."

"아빠가 그림 못 그려? 아빠도 잘 그려. 볼래?"

남편은 웃으면서 태연한 척 말했지만 내 눈에는 보였다. 아들의 마음을 돌려놓고 싶어 하는 마음이. 라온이는 마지못해 기회를 주었다. 어린이용 색연필을 감싸 쥔 남편의 얼굴에 엄숙함마저 감돌았다. 아빠가 심혈을 기울여서 그리는 그림을 보고 라온이가 말했다.

"아빠는 그림을 못 그리네. 대신에 아빠는 계산은 잘해."

"뭐? 아빠가 계산 잘하는 거 어떻게 알았어?"

"엄마가 알려줬어."

여섯 살 꼬마의 칭찬에 마흔두 살 어른의 표정과 목소리가 들떴다. 자신이 잘하는 것에 새삼 눈을 뜨고 가슴을 쫙 폈다. 그 순간만큼은 마음 한쪽을 짓누르고 콕콕 찌르던 '그림 그리기'로부터 해방감을 맛보았다.

누군가의 단점보다는 장점을 찾고, 그걸 표현해주는 것은 이처럼 멋진 일이다. 아이들에게 그 연습을 꾸준히 시켜야겠노라 생각했다. 자신의 부족함 때문에 어깨가 처진 이를 웃게 하고 기운을 북돋워 주는 사람……. 내 아이가 그런 사람이 된다면 얼마나 흐뭇하겠는가!

-¦-

머리는 지워도 가슴은 남긴다

로운이와 둘만의 시간을 보내는 것이 일상일 때가 있었다. 라온이가 다섯 살이 되어 유치원에 다니기 시작하면서부터다. 형이 유치원 버스를 타고 출발하고 나면 세 살의 로운이는 가고 싶은 곳으로 내 손을 이끌었다. 아파트 산책로를 거닐며 자연을 구경하기도 하고, 놀이터에서 미끄럼틀과 그네를 타고, 지하 주차장으로 가서 자동차들을 구경하기도 했다. 그 시간에 밖에서 노는 엄마와 아이는 우리 둘 뿐이었다. 또래 아이들은 대부분 어린이집을 다녔으니까.

로운이가 킥보드를 탈 수 있게 되자 우리는 경주를 했다. 킥보드를 탄 꼬마와 두 발로 달리는 엄마가 아파트 단지 내 기다란 길을 달렸다. 길 이쪽에서 저쪽 끝까지를 오가며 여러 번 승부를 겨뤘다. 우리의 대결은 굿은 날씨를 빼고는 매일 계속됐다. 아침마다 쌩쌩 달린 덕에 녀석의 킥보드 실력은 나날이 늘었고, 마침내 지나가는 사람들의 감탄을 사는 수준까지 되었다. 나의 달리기 속도도 빨라졌다. 막상막하의 짜릿한 승부를 원하는 꼬마를 위해서 전속력으로 달렸으니까. 덕분에 내 체력도 좋아졌을 만한데 참으로 알 수 없는 노릇이었다. 왜 날이 갈수록 힘들었는지.

나는 경주를 마치면 곧바로 집으로 가길 바랐다. 하지만 로운이는 어서 오라고 손짓하는 그네를 외면하지 않았다. 그 곁으로 다가가 그넷줄을 잡고 앉은 채 들뜬 표정으로 외쳤다.

"엄마! 살짝 세게 밀어줘."

그네가 앞으로 나갈 때마다 로운이는 까르르거렸다. ○○가 간지럽다면서. 남자가 소변을 누는 신체 부위 말이다. 아이들은 그런 얘기를 해맑은 표정과 깜찍한 목소리로 한다. 민망함은 어른의 몫일뿐이다. 놀이터에 우리 둘만 있는 것이 다행스러웠다.

아침마다 로운이는 밖에 오래 머무르려 했다. 야외를 워낙 좋아하기도 했지만, 그 어떤 방해도 없이 엄마와 둘만 보내는 시간을 더 원해서였다. 집에 가면 집안일에 엄마를 빼앗길 게 뻔하니까. 라온이가 유치원에서 돌아오기 전까지 내가 끝내야 할 일들이 산더미였다. 엄마가 일하는 동안 로운이는 혼자 놀아야만 했다. 그것이 기특하면서도 한편으로는 안쓰러웠다. 그 때문에 내 딴에는 로운이가 원하는 만큼 밖에 있어주려 노력했다. 하지만 아무리 오래 있어도 녀석의 성에 차지는 못했다.

우리 둘만의 시간은 2년 동안 계속됐다. 그리고, 드디어 로운이도 형과 함께 유치원 버스에 올라타기 시작했다. 녀석들을 태운 버스가 출발하면 나는 혼자가 되었다. 나의 입을 쏙 닮은 귀염둥이와 손을 잡고 함께 걷던 산책로, 함께 놀던 놀이터, 함께 달리던 길을 홀로 지나면서 추억에 젖곤 했다. 아침을 누비던 킥보드 바퀴의 드르륵 소리, 놀이터를 채우던 천진난만한 웃음소리가 귓가에 맴돌았다. 지나고 나니 2년은 결코 긴 시간이 아니었다. 다시 못 올 그 시간이 얼마나 소중했는지 새삼 깨달았다.

햇살이 뜨거운 어느 날, 유치원 버스에서 폴짝 뛰어내린 로운이가 말했다.

"엄마, 오늘은 형아가 안 탔어."

"그렇지? 오늘 형아는 1시간 뒤에 올 거야. 그동안 로운이랑 엄마랑 둘이 놀자."

"예에에!"

로운이는 하늘을 향해 두 팔을 올리고 깡충거렸고, 나도 그대로 따라하며 호응했다.

집에서 샤워를 마친 후 시원한 수박을 먹으면 딱 좋을 날씨였다. 태양이 이글거리고, 바람도 한 점 없었다. 하지만 로운이는 극구 밖에서 놀고 싶어 했다. 제일 먼저 놀이터에 가보니 그네와 미끄럼틀이 뙤약볕에 제대로 달궈져 있었다. 손끝만 대도 뜨거웠다.

놀이터에서 놀 수 없으니 집에서 킥보드를 가지고 나왔다. 로운이는 아침마다 경주했던 길을 신나게 질주했다. 하지만 나는 한자리에 서서 손뼉을 쳐 주었을 뿐이다. 가만히 있어도 땀이 나는 마당에 달리는 건 엄두가 나지 않았다. 한참 동안 킥보드를 탄 로운이가 목이 마르다며 다가왔다. 녀석에게 물통을 건네며 말했다.

"로운아, 너무 덥지? 우리 집에 들어가서 좀 시원하게 있을까?"

"싫어. 형아 올 때까지 더 있을래."

그 마음을 이해한다. 로운이는 나를 무척이나 좋아했다. 이다음에 크면 꼭 엄마와 결혼하겠다고 하고, "내가 세상에서 제일 좋아하는 우리 엄마." 하면서 수시로 나를 안아주었다. 그러니 모처럼 갖는 둘만의 시간이 더없이 소중하리라. 하지만 이 태양 아래에서 다섯 살 꼬마가 질주하도록 마냥 둘 수만은 없었다. 녀석을 설득해서 자리를 옮겼다. 그늘진 곳 위주로 천천히 다니면서 편의점에도 가고, 과일 가게에도 갔다. 로운이는 이따금 킥보드를 멈추고 길가의 꽃이나 상가 간판을 자세히 살피곤 했다.

어느덧 라온이가 올 시간이 가까워졌다. 집 앞으로 가는 길, 로운이는 내게 안아달라고 했다. 찌는 더위에 지쳐버린 게다. 아무리 엄마가 강하기로서니 다섯 살 아이, 킥보드, 무거운 과일 봉지를 한꺼번에 들고 가는 건 무리였다. 결국 녀석을 킥보드에 올라타게 하고 내가 끌어주었다. 로운이는 손잡이를 잡고 얌전히 서 있기만 해도 킥보드가 천천히 움직이자 생글거렸다. 그 모습에 나도 한순간 더위를 잊고 미소 지었다. 때마침 바람도 불었다.

"아우, 시원해라. 너무 좋다. 우리 노래 부르면서 갈까? 로운이 혹시 이 노래 알아?"

로운아 로운아 우리 로운아
사랑해 사랑해 정말 사랑해
심신 모두 건강한 우리 로운이

로운아 로운아 우리 로운아
고마워 고마워 정말 고마워
우리에게 와줘서 정말 고마워
로운아 사랑해 로운아 고마워

"그게 무슨 노래야?"

"엄마가 지은 노래. 로운이가 엄마 배 속에서 살았을 때 자주 불러줬었지."

"또 불러줘."

어차피 같은 음의 반복이라 1절까지만 불러주었다.

"'고마워 고마워'도 해야지."

"아…… 2절도 해달라는 거구나? 그래."

솔직히 조금 놀랐다. 내가 끌어주는 킥보드 위에서 줄곧 앞만 바라봤던 녀석이다. 눈 앞에 펼쳐지는 경치와 사람들을 감상하느라 내 노래는 흘려듣는 줄 알았다. 그런데 가사를 음미하고 있었다니! 내가 마지막 소절까지 마저 불러주자 로운이가 말했다.

"내가 삼신할머니한테 있었다가 엄마랑 아빠한테 온 거잖아."

"그래, 그렇지. 그래서 엄마가 고맙다고 한 거야."

며칠 전에 라온이와 로운이에게 해준 얘기가 있다. 녀석들이 엄마, 아빠를 선택했다고. 그래서 함께 지내던 삼신할머니 곁을 떠나 나의 배 속에 온 거라고 했다. 두 눈을 반짝이며 얘기에 쏙 빠진 두 꼬마에게 물었었다. 지구의 수많은 엄마 아빠 중에 왜 김인석 아빠, 노신화 엄마를 선택했느냐고. 두 꼬마는 멋쩍은 듯 웃기만 했었다. 자신에게 그런 일이 있었는지조차도 몰랐는데, 행동의 이유를 물으니 난감할 수밖에.

로운이는 '로운아 로운아' 노래가 아주 마음에 들었던 모양이다. 그날 이후 수시로 불러 달라고 했다. 그래서 나는 같은 노래를 하루에도 몇 번씩 불러주었고, 연속으로 세 번 이상 부를 때도 허다했다. 하지만 지겹기는커녕 부를수록 행복이 차올랐다. 가사에 '사랑해'와 '고마워'라는, 언제 들어도 참 좋은 말이 가득했으니까.

로운이는 혼자 블록 놀이를 하며 그 노래를 흥얼거리기까지 했다.

"로운아, 그 노래가 그렇게 좋아?"

"응. 좋아. 나는 이 노래가 제일 좋아."

킥보드에 올라탄 다섯 살 로운이에게 이 노래를 불러주었던 날, 녀석은 낯선 노래인 것처럼 반응했었다. 오래전, 내 배 속에서 매일같이 들었던 기억이 머릿속에 남아 있지 않은 것이다. 하지만 모두 지워진 게 아니었다. 녀석의 가슴속 깊은 곳에서 잠들어 있던 것이 있다. 엄마의 다정한 목소리를 타고 온 사랑이 온몸을 감쌌을 때의 감정…… '행복감'이다. 몇 년이 지난 지금, 그것이 깨어났다. 아련한 추억 속의 노래 덕분에. 로운이가 이 노래에 푹 빠진 이유는 이 때문이리라.

사람들은 무심코 말한다. "어차피 애들은 어렸을 때 일은 기억 못 하잖아."라고. 부디 다시 생각해보길. 머릿속 기억은 시간이 흐르면 지워질 수 있다. 하지만, 가슴속 기억은 두고두고 남아서 언제든 다시 깨어날 것이다.

-¦-

엄마가 원하는 것도 하면 좋겠어

창밖의 나뭇가지들이 매서운 바람에 요동쳤다. 추위 때문에 사랑이(우리 집 차)를 타고 가는 게 좋겠다고 하니, 라온이와 로운이가 고개를 저었다. 잠시 창문을 열어서 찬바람을 느끼게 해주어도 소용없었다. 장갑 끼고, 마스크 쓰고 나가면 괜찮다면서 엄마를 안심시키기까지 했다. 결국, 녀석들의 바람대로 버스를 타고 가기로 했다. 나는 여분의 아동복, 물티슈, 손수건, 간식, 마실 물 등을 챙겨 가방에 넣었다. 제법 무게가 나갔다. 아이들은 한 손에 쏙 들어오는 조그만 자동차를 주머니에 넣고 집을 나섰다.

여섯 살, 네 살 형제는 간만의 놀이를 즐겼다. 버스 카드 찍기, 안내 방송 따라 하기, 창밖 풍경 감상하기, 버스를 타고 내리는 사람들 구경하기……. 천진난만하게 즐거워하는 모습을 보며 내 기분도 좋았지만 마냥 즐길 수만은 없었다. 아이들에게서 눈을 떼지 않고, 수시로 검지를 입에 대며 말해야 했다. 목소리를 낮추라고. 목소리 크기는 유전이 아닌가 보다. 남편도 나도 목소리가 작은 편인데……. 모를 일이다. 어쩌면 나도 저 나이 때는 그 누구보다 목청이 컸을지도.

마침내 백화점에 도착했다. 이제 아이들이 하고파 했던 것들을 하나씩 해나갈 차례였다. 일단 식당가로 가서 음식을 주문했다. 녀석들이 집에서부터 거듭 말했던 어린이 오므라이스와 쌀국수를 먼저 먹고, 불고기 토르티야는 식사가 끝나면 사주기로 했다. 새콤달콤한 소스 향이 침샘을 자극하는 오므라이스와 국물 밖으로 탱글탱글한 면을 살짝 드러낸 쌀국수를 보자마자 아이들이 목소리를 높이며 나를 재촉했다. 나는 빠른 속도로 작은 접시에 음식을 덜어 주었다. 두 꼬마는 흥분을 가라앉히고 숟가락을 집어 들었다.

그제야 주위가 눈에 들어왔다. 맞은편에 혼자 식사 중인 여성에게 시선이 멈췄다. 얼큰한 국물을 먹으며 휴대폰을 보고 있는 그녀를 보며 달라진 나를 느꼈다. 전에는 혼자서 식당에 가는 것을 꺼렸지만 이제는 간절히 바란다. 엄마가 된 후 누리지 못하는 일이니까. 아이가 먹을 수 있는 음식이 아니라, 온전히 내가 좋아하는 음식을 시켜서 누구의 방해도 받지 않고 여유롭게 맛을 음미하고 싶었다.

하지만 혼자만의 외식을 잠시 상상하는 것조차 내게는 쉽지 않았다. 로운이가 내 팔을 흔들었다.

"엄마, 나 숟가락 떨어졌어."

"할머니가 갖다 줄 테니까 엄마는 식사 좀 하게 하자. 신화 너도 어서 먹어."

옆에 있던 친정엄마의 말이다. 막내딸을 만날 때마다 안타까워하셨다. 두 아이를 키우느라 밥도 제때 못 먹고, 쉬지도 못하니 계속 살이 빠진다며. 나는 오므라이스를 숟가락에 가득 떠서 입에 넣었다. 과장되게 음식을 냠냠거린 뒤 꿀꺽 삼키고는 씽긋 웃었다.

"엄마, 그래도 이제는 아주 편해졌어. 애들이 밥은 스스로 먹으니까. 라온이는 자기가 알아서 먹고, 로운이도 조금만 도와주면 돼."

제 손으로 숟가락질을 하는 아이들을 보니 지난 시간이 주마등처럼 스쳤다. 한때는 일일이 먹여 줘야 했고, 녀석들이 다 먹은 후에야 나도 먹기 시작했는데……. 지금의 여유(?)가 새삼 감사했다. 미소 띤 얼굴로 두 꼬마를 바라본 후 쌀국수를 호로록 빨아들였다.

면을 씹다가 문득 한 지인의 말이 떠올랐다. 아이를 키울 때는 한 5년만 고생한다 생각하라는. 여섯 살, 네 살배기를 키우는 엄마로서 일부는 공감한다. 하지만, 덧붙이고픈 말이 있다. 5년이 지나도 육아의 시계는 돌아간다고. 아이가 태어나면 가파른 산을 쉼 없이 오르는 나날이 시작된다. 가쁜 숨을 몰아쉬며 오르다가 5년이 될 즈음 정상에 이른다. 그 후로는 내리막길이지만 여전히 가파르기에 발끝에 힘을 주고 조심 또 조심해야 한다. 그래도 오르막길보다는 숨쉬기와 다리 통증이 나아진 것은 분명하다. 나는 오늘도 한 발 한 발 내디딘다. 언젠가 나올 평지를 향해.

식사가 끝났다. 이제 무엇을 하고 싶으냐는 물음에 형제가 이구동성으로 외쳤다. 장난감 구경하러 가자고. 둘이 앞장서고 나와 친정엄마가 뒤따랐다. 라온이가 멈춰 서더니 말했다.

"로운아, 우리 손 잡고 걸을까?"

"좋아!"

손잡기조차도 놀이로 여기며 키득거리는 어린 형제. 손을 꼭 잡고 걸어가는 그 뒷모습은 사랑스럽기 그지없었다. 장난감 가게에 도착해서도 손을 놓지 않았다. 그리고 장난감 상자마다 멈춰 서서 바라보며 대화를 주고받았다. 형이 진지하게 설명을 해주면 동생이 "그래, 맞아!" 하면서 맞장구쳤다. 한 번도 갖고 놀아본 적 없는데도 그것의 전문가인 양. 대화에 빠진 덕인지 장난감을 사달라고 하지는 않았다. 기특할 따름이었다.

어느덧 우리는 마지막 장소로 향했다. 백화점에 오면 거르지 않고 들리는 곳이다. 동화책을 자유롭게 볼 수 있을 뿐만 아니라, 옆에 있는 자석 칠판으로 놀 수도 있으니 아이들이 좋아할 만했다. 라온이와 로운이가 부지런히 책을 골라오면 나는 정성껏 읽어주었다. 지난 6년 동안 하루도 거르지 않고 집에서 책을 읽어주다 보니 이제는 동화 구연가 버금가는 실력이 되었다. 등장인물에 따라 목소리를 달리했고, 연기의 경계를 넘나들었다. 우는 연기, 웃는 연기, 화난 연기, 놀란 연기……. 때때로 아이들이 물었다. "엄마, 진짜로 우는 거야?", "엄마, 진짜로 하품한 거야?" 하고.

그날은 책을 읽어주면서도 머릿속에서 맴돈 것이 있었다. 걸어오던 길에 스치듯 봤던 옷. 할인 중이라 가격도 마음에 들었다. 때마침 라온이가 자석 칠판에 한글 자음, 모음을 붙이며 놀기 시작했고, 로운이는 책장에서 책들을 둘러보고 있었다. 기회였다. 내가 잠깐 옷 좀 보고 오겠다고 하니 라온이는 흔쾌히 허락했다. 친정엄마에게 아이들을 부탁하고 뛰다시피 움직였다. 바로 옆에 있는 매장이라 금방 다녀올 수 있는 거리였다.

직원이 내가 입어 볼 수 있도록 옷을 준비하는 사이 로운이가 왔다. 녀석은 내 손을 잡아끌며 빨리 가자고만 했다. 내가 잠깐이면 된다고, 꼭 필요했던 옷이라고 말해도 소용없었다. 난감한 얼굴로 쳐다보는 내게 직원이 웃으면서 "다녀오세요."라고 했다. 나는 곧 돌아오겠다는 눈빛을 보낸 뒤 네 살에게 끌려(?)갔다.

로운이는 골라뒀던 책을 내게 내밀었다. 마음이 다른 곳에 있으니 내 목소리 연기가 영 신통치 않았다. 딸의 마음을 알아챈 친정엄마가 자석 칠판에 숫자들을 붙였다 떼며 말했다.

"로운아, 이리 와봐. 이게 뭐야? 할머니한테 이거 좀 가르쳐줄래?"

로운이가 그쪽으로 다가갔다. 나는 서둘러 옷 가게로 가서 준비된 옷을 입었다. 거울을 보려던 순간, 로운이가 와서 앙칼지게 나를 부르더니 막무가내로 내 손을 잡아끌었다.

"엄마, 빨리 가자. 빨리 가자."

"로운아, 이제 다 됐어. 이거 엄마한테 맞는지 한 번 보고 계산만 하면 돼."

로운이는 금방이라도 울음을 터뜨릴 것 같은 얼굴로 고개를 저어댔다. 내가 불쌍한 표정까지 지어 보이며 사정했지만, 녀석의 얼굴은 붉으락푸르락했다. 아침에 평소보다 일찍 일어난 데다가 낮잠을 자지 않은 탓에 몰려온 피곤이 녀석의 짜증을 부풀렸다. 직원이 또다시 웃으면서 다녀오라고 했다. 하지만 로운이를 재우기 전에는 못 돌아올 것이 뻔했다. 그때 친정엄마와 라온이가 왔다. 로운이는 같이 가자며 잡은 할머니의 손을 뿌리쳤다.

나는 한쪽 무릎을 구부리고 앉아서 녀석에게 눈높이를 맞췄다.

"로운아, 아까 로운이가 좋아하는 버스 탔지?"

로운이는 고개를 끄덕였다. 좋아하는 버스 얘기에 짜증이 옅어졌다. 나는 말을 이었다.

"로운이가 좋아하는 쌀국수도 먹었지? 그리고 로운이가 좋아하는 토르티야도 먹었지? 로운이가 좋아하는 장난감 구경도 했지? 또 로운이가 좋아하는 책도 읽었지? 오늘 로운이가 좋아하는 것들 많이 해서 좋았지?"

모든 질문마다 로운이는 아무런 말 없이 고개만 끄덕였다.

"그러니까 이번에는 엄마가 원하는 것도 했으면 좋겠어. 어때?"

우리는 모두 침묵 속에서 네 살배기의 반응을 기다렸다. 잠시 생각에 잠겼던 녀석이 고개를 끄덕였다. 그 표정은 평온했다. 나는 고맙다면서 꼭 안아주고 볼에 뽀뽀를 해주었다.

"어머나! 아이를 이렇게 설득할 수도 있네요. 처음 봐요. 다른 엄마들은 이럴 때면 애한테 기다리라면서 화를 냈거든요."

내가 듣기 좋으라고 해준 말일 텐데, 나는 안타까움을 느꼈다. 이 자리에서 그간 얼마나 많은 엄마와 아이들이 속 쓰린 경험을 했을까? 아이에게 화를 냈던 엄마의 마음도, 엄마에게 고집부리던 아이의 마음도 이해

한다. 누구보다 깊이 사랑하는 사이면서도, 서로로 인해 상처를 받았으리라. 과연 그 상처는 제대로 보듬어졌을까? 제대로 아물었을까?

로운이가 고집을 부렸던 순간에 내가 떠올렸던 사람이 있다. 데일 카네기. 그는 인간관계를 위해 도움이 되는 다양한 원칙들을 제시했다. 나는 서른 초반에 '데일 카네기 코리아'에서 주관하는 '데일 카네기 코스' 수업을 통해 그 원칙들을 알게 되었다. 그날, 로운이를 설득한 것은 '상대방을 설득하는 12가지 방법' 중 하나였다. 나는 로운이가 끄덕일만한 질문을 거듭했고, 녀석은 결국 엄마를 위해 마음을 열어주었다.

상대방이 당신의 말에 "네, 네."라고 대답하게 하라.

–《인간관계론》 중에서(데일 카네기)

-¦-

여섯 살이 갑자기 손가락을 빠는 이유

라온이는 생후 6개월 즈음까지 손을 빨았었다. '이야, 참 맛있게도 빠네.'라는 감탄사가 나올 만큼 맛있게 짭짭. 손가락에 달콤한 무언가가 묻어있다는 착각이 들 정도였다. 그 모습이 너무 귀엽고 사랑스러웠다. 수시로 손을 닦아줘야 하는 번거로움이 있긴 했지만. 앙증맞은 손가락을 하나하나 정성껏 닦아주는 것조차도 행복이었다.

몇 년이 지나서 녀석이 손 빠는 모습을 다시 보게 될 줄이야. 여섯 살인데……. 이틀 전부터 엄지를 입안에 쏙 넣고 쪽쪽 빨기 시작했다. 한때는 가슴을 벅차게 했던 추억의 순간을 다시 맞는 것이 늘 기쁜 것은 아니다. 기억 속의 한 장면으로만 남아 있어야 아름답게 빛나는 일도 있다. 여섯 살이 손을 빠는 것은 보기에 영 좋지 않았다. 장난 삼아 한 번 그러는 것일 수도 있으니, 일단 나도 장난스레 물었다.

"오잉? 우리 라온이가 손을 빠네. 혹시 왜 빠는 거야?"

녀석은 대답은 하지 않고 씩 웃으면서 손을 뺐다. 그런데 어쩌다 한 번 그런 줄 알았는데 다음 날도 또 손을 빠는 게 아닌가! 내가 너그러운 표정으로 이유를 물었더니, 또다시 씩 웃으며 손가락을 뺐다. 역시나 대답은 없었다. 나도 마찬가지로 더 묻지 않았다.

대수롭지 않게 넘길 일이 아닌 것 같았다. 동생을 질투하면 갑자기 안 하던 행동을 보인다고 하더니…… 혹시 그 때문인가? 로운이는 형과는 달리 네 살이 되어도 손 빨기를 졸업하지 않았다. 놀다가도 이따금 손을 빨았다. 그러면 나는 "로운아, 손 빼자."라고 말하곤 했다. 라온이 눈에는 그것이 엄마의 관심을 얻는 행동처럼 보인 걸까?

하지만 질투심 때문으로 보기에는 뭔가 석연치 않았다. 동생이 태어났을 때 라온이는 두 돌도 안 된 아이였다. 둘째가 태어나면 첫째 때문에 힘들어하는 부모들이 많다는데 우리 집은 예외였다. 라온이는 고집을 더 부리지도, 동생을 따라 하지도, 유독 내게 더 애착을 보이거나 떼를 쓰지도 않았다. 전과 마찬가지로 명랑하게 잘 지냈다. 오히려 동생을 신기해했고, 누워있는 아기가 있어서 좋아하는 눈치였다. 질투로 인한 이상 행동을 보이지 않았던 녀석이 여섯 살이 되어서 달라질 수 있는 걸까? 아무래도 무언가 다른 이유가 있는 듯했다.

라온이는 내 궁금증을 풀어주지 않았다. 그 후로도 손을 빠는 이유를 물어보면 멋쩍은 듯 웃으며 엄지를 입 밖으로 빼냈을 뿐이다. 그러고는 아무렇지 않은 듯 다른 놀이를 했다. 하는 수 없이 인터넷에서 정보를 찾아봤지만 속 시원한 해결책을 찾지 못하고 오히려 고민만 생겼다. 아이가 갑자기 손을 빠는 것은 채워지지 않는 욕구나 스트레스 때문일 수 있다는 말에.

곰곰이 생각해봐도 짐작할 만한 것이 딱히 떠오르지 않았다. 그즈음 녀석은 여느 때와 다름없는 나날을 보내고 있었다. 오히려 다른 때 보다 더 만족스럽다고 말할 수 있을 정도였다. 일 년 넘게 다닌 유치원에서도 즐겁게 생활했고, 집에서도 동생과 죽이 잘 맞아서 웃음이 떠나질 않았다. 크게 혼난 적도 없었고, 식욕도 왕성해서 앞에 놓인 음식들을 눈 깜짝할 사이에 먹어 치웠다.

그래도 내가 혹시 놓치는 것이 있을 수 있으니 라온이를 유심히 지켜보기로 했다. 만약 녀석이 손을 빨면 대부분은 그냥 넘겼다. 그러다 이따금 이유를 묻는 게 전부였다. 일부러 더 다정한 태도를 보이면서. 손을 빼라는 얘기는 하지 않았다. 정보를 찾아보니 그러면 아이를 더 자극할 수 있다고 했으니까.

삼 일째 되던 날, 도저히 그냥 두면 안 되는 상황에 맞닥뜨렸다. 라온이는 정리함 깊은 구석에서 장난감들을 끄집어냈다. 아기였을 때 즐겨 갖고 놀던 거라 표면에 묵은 먼지가 쌓여 있었다. 그것들을 두 손으로 하나씩 만져보던 녀석이 갑자기 왼쪽 엄지를 입에 넣었다. 손가락에 잔뜩 묻은 먼지도 함께 입으로 들어갔다. 나는 능청스러우면서도 조금은 과장되게 말했다.

"흐미…… 지지. 지금 라온이 손에 묻은 먼지랑 세균들이 입안으로 쏙쏙 들어가고 있겠네. '야호! 라온이 입속 여행한다. 신난다.' 하면서."

라온이는 곧바로 손가락을 빼더니 화장실로 향했다. 그리고 비누로 깨끗하게 손을 씻고 나와서는 수줍은 듯 말했다.

"손가락을 빨면 맛있는 맛이 나."

"그래? 그래서 빨았던 거야?"

"응."

가슴이 뻥 뚫린 기분이었다. 우려할만한 일이 아니라 다행이었다. 라온이가 당시 식욕이 좋아서 뭐든 맛있어하더니 손가락을 빨았을 때의 맛이 입맛에 맞았던 모양이다.

어린아이들은 이처럼 어디로 튈지 모르는 엉뚱함을 지녔다. 어른들이 보기에 제발 그러지 않았으면 하는 행동도 서슴없이 한다. 알고 보면 나름의 이유에서 비롯된 것들이다. 하지만 그걸 미리 말해주지 않을뿐더러, 물어봐도 곧바로 답하지 않으니 오해를 살 때가 있다. 그 또한 나름의 이유가 있어서겠지만…….

아이들의 이해하기 어려운 행동에 대해 어른들은 어떻게 하면 좋을까? 쉽지 않은 일이지만 인내심을 가질 필요가 있다. 의연하게 지켜보다 보면 때가 찾아온다. 도대체 왜 그러는지 알아내기에 적절한 때가. 그런 면에서 보면 내가 느긋한 성격의 소유자인 것이 다행스럽다. 좋게 말하면 느긋한 것이지, 느리다고도 할 수 있다(성격이 급한 나의 친정엄마는 내 행동을 답답해하곤 한다). 하지만 아이들을 이해하는 데는 느림이 도움이 된다. 덕분에 나는 갑자기 손을 빠는 라온이를 보며 섣불리 판단하지도, 녀석을 채근하지도 않았다. 염려를 키우지 않고 기다린 끝에 자연스럽게 문제의 원인을 알아냈다. 그리고, 아이 눈높이에 맞는 해결책도 찾았다.

"아무래도 세균이 맛있나 보네. 원래 몸에 안 좋은 것들은 맛있는 거지."

"그래?"

"응. 사탕이랑 젤리도 엄청 맛있잖아. 안 그래?"

"그래."

홀로 생각에 잠긴 라온이의 표정을 보니 더는 손을 빨지 않으리란 예감이 들었다. 이 순진하고 귀여운 엉뚱 천사를 어찌 사랑하지 않을 수 있으리오!

그나저나 손가락을 빨면 정말 맛있는 맛이 날까? 라온이 못지않게 나도 뭐든 맛있게 잘 먹는 편이다. 녀석이 보지 않을 때, 나도 엄지손가락을 입에 넣어 봤다. 하지만, 내 입맛에는 맞지 않았다.

-¦-

관대함을 싹 틔우려면

오랜만에 만난 사람들이 애처로운 눈빛으로 물었다. 힘들지 않았냐고, 어떻게 견뎠냐고. 그들에게 웃으며 답했다. 시간이 너무 빨리 갔다고, 그래서 아쉬웠다고. 방학을 마치고 등원이 시작된 날 아침, 유치원 버스를 기다리며 오간 대화다.

3주간의 방학 동안 온종일 두 아이를 돌보느라 몸이 힘든 것은 사실이었다. 하지만 마음만큼은 편했다. 유치원 버스 시간에 맞추려 몸부림치는 아침의 전쟁(?)이 없었으니까.

"얘들아, 긴 바늘이 9가 될 때까지 밥을 먹어보자. 그럼 아주 여유로워."

나는 일단 여유롭게 웃으며 아이들 앞에 식판을 내밀었다. 그러고는 잰걸음으로 움직였다. 우선, 어질러진 싱크대 정리를 마친 후 유치원 가방에 넣을 물건들을 챙겼다. 물통, 양치 도구, 그날의 준비물……. 다음으로 두 아이의 외출복을 준비했고, 세수를 시작으로 나도 나갈 준비에 들어갔다. 중간중간 아이들이 밥 먹는 진도도 확인했다.

"밥이 거의 그대로네. 자, 숟가락 들고 밥 뜨자."

"조금만 더 속도를 내야겠다."

몇 번은 느긋하게 말하다가 어느 순간부터는 목소리에 웃음기를 빼고 빠르게 말했다.

"장난은 밥 다 먹고 치기. 일단 지금은 집중합시다."

"긴 바늘 9가 넘었네. 늦어도 10까지는 끝내야 해. 유치원 버스가 오고 있어요."

시계를 보는 간격이 짧아졌다. 성큼성큼 달리는 초침을 보며 내 심장 박동이 빨라졌다.

"아, 시간이 저렇게 되었네. 우리 할 수 있겠지? 할 수 있다. 할 수 있다."

"엄마가 부드럽게 말할 수 있는 건 이번까지야. 밥 먹기 마무리하자. 이빨 닦고, 옷 갈아입는 단계가 아직 남았잖아."

"안 되겠다. 거기까지만 먹자."

간신히 모든 준비를 마치고 현관을 나섰지만, 입이 바싹바싹 탔다. 행여 버스가 일찍 도착했을까 봐, 우리 때문에 다른 아이들이 출발을 못 하고 기다리고 있을까 봐. 엘리베이터가 21층까지 올라오는 것이 거북이 걸음처럼 느리게만 느껴졌다. 다행히 우리는 이르지도, 늦지도 않은 시간에 맞춰 도착하곤 했다.

긴박함 속에서 일을 마쳤을 때 짜릿함을 느끼는 이들의 마음을 나는 모르겠다. 다급함에 짓눌린다는 생각이 들뿐이다. 유난히도 '여유'를 갈망하는 성격 때문이리라. 무엇이건 느긋함 속에서 하고 싶다. 말도, 행동도, 생각도. 내 아이들도 여유를 간직하는 사람이길 바라는 마음에 녀석들에게는 '빨리'라는 말도 안 한다. 대신 급한 상황이면 '서두르자'라고 한다. 그러니 매일 아침 마음이 불편할 수밖에 없었다. 내가 추구하는 방향과 맞지 않게 행동해야 하니까. 촉박함을 수시로 강조하면서 아이들을 재촉하는 것 말이다.

솔직히, 아침 시간이 부족하진 않다. 아이들이 조금만 더 집중해주면 여유를 누릴 수도 있을 정도다. 그나마 네 살 로운이는 주어진 시간에 할 일을 마치려 노력했다. 유치원에 가는 형을 배웅하기 위해 준비를 하는 것인데도. 반면, 여섯 살 라온이는 수시로 장난을 쳤다. 내가 얼굴을 굳히면 잠시 멈췄다가 곧 익살맞은 표정에 걸맞게 행동하며 키득거렸다.

그즈음 내 인내심의 바닥을 자주 만났다. 시도 때도 없이 계속된 라온이의 장난 때문이다. 아침 시간만이 아니었다. 눈을 뜨고 활동하는 동안 셀 수 없을 정도였다. 물론, 아이가 어두운 면 없이 늘 명랑한 것은 감사한 일이다. 하지만 라온이는 분위기 파악을 하지 않고, 끝낼 조짐도 보이지 않은 채 장난을 쳐댔다. 그래도 나는 일단 부드럽게 타이르고자 노력했다. 하지만 두세 번 말해도 통하지 않기에 엄격한 표정과 말투로 최후통첩을 했다. 무섭게 말하기 전에 멈췄으면 좋겠다고. 그쯤에서라도 내 말을 따라주면 좋으련만…… 라온이는 오히려 더 들떠서 남은 장난을 쏟아냈다. 결국, 무섭게 다그치며 혼을 낼 수밖에. 그제야 녀석은 하던 것을 멈추고 토라진 채 말했다. "왜, 그렇게 무섭게 말해!"라고. 답답한 나날이었다. 서로 얼굴을 붉히는 지경이 되기 전에 장난을 멈추게 할 방법이 절실했다.

유치원 방학 동안에는 '아침의 혼쭐'이 없었다. 여유로움으로 하루를 시작하는 것이 삶의 만족도를 얼마나 높이는지를 새삼 깨달았다. 3주간의 꿈결 같은 시간을 보낸 라온이는 마지막 날에 "아아, 방학이 너무 빨리 갔다."라고 말하면서 진한 아쉬움을 드러내기도 했다.

개원일 아침. 오랜만에 유치원에 가는 설렘 때문인지 라온이가 기대 이상으로 협조했다. 나는 현관을 나서며 아이들에게 농담까지 했다. 라온이가 유치원 버스에 타는 것도 느긋하게 바라봤다. 녀석이 의자에 앉은 순간부터 나는 열정적으로 손을 흔들어주었다. 창문으로 형을 보고 싶다는 로운이를 번쩍 안은 채. 드디어 버스가 출발했고, 로운이와 나는 손을 잡고 집으로 향했다. 발걸음이 가벼웠다.

내가 앞치마를 매고 집안일을 하는 동안, 로운이는 거실에서 장난감 자동차를 굴렸다. 하지만, 매일같이 함께했던 형이 없으니 재미는커녕 왠지 쓸쓸해 보이기까지 했다. 집 안이 조용한 것이 낯설었다. 어제까지만 해도 아이들의 숨넘어갈 듯한 까르르 소리로 가득했었는데……. 서둘러 집안일을 마치고 로운이에게 갔다. 녀석은 시무룩한 얼굴로 말했다.

"엄마, 나랑 놀자."

"로운아, 형아가 없어서 심심해?"

"응."

"형아랑, 로운이가 재미있게 놀았던 영상 볼까?"

될 수 있으면 휴대폰 영상을 보여주지 않는 편이지만 그날은 예외였다. 며칠 전 형과 함께했던 장면을 보며 로운이가 입꼬리를 올렸다. 당시의 감정이 되살아난 기색이었다. 내친김에 몇 년 전 영상도 보여주었다. 로운이는 기억조차 못 하는 시절의 자신과 형의 모습에 흠뻑 취했다. 나 역시 아이들의 옛 모습에 감회가 새로웠다.

특히나 내 눈길을 사로잡은 건 라온이였다. 어느 영상이건 깔깔거리며 마냥 신나는 모습이 가득했다. 그야말로 이름에 어울리게 행동했다. '라온'은 순우리말로서 그 뜻은 '즐거운'이다. 녀석은 그런 아이였던 것이다. 아주 오래전, 어렸을 때부터.

장난치며 즐거워하는 그 모습을 카메라에 담았던 당시의 나는 어땠던가! 촬영 내내 앞니를 모두 드러내며 흐뭇하게 웃었다. 그랬던 내가 여섯 살의 장난 앞에서는 입을 굳게 다물기 일쑤다. 같은 아이의 행동을 대하는 태도가 왜 이리 다를까? 과거 영상은 내게 말해주었다. 시간이 흐를수록 아이가 점점 자랐음을. 하지만, 내 너그러움은 오히려 작아졌음을.

유치원에서 기분 좋게 돌아온 라온이가 동생과 집짓기를 했다. 거실 매트 위에 무릎 담요들을 펼쳐 놓으면 되는 것이다. 녀석들은 블록, 인형, 장난감 자동차, 책 따위로 그 집에 거실, 욕실, 화장실, 주방, 침실을 만들었다.

두 형제가 노는 동안 나는 침실 이불들을 하나씩 들고 현관을 들락날락했다. 밖에서 먼지를 턴 이불은 거실에 놓고, 다른 이불과 다시 밖으로 나갔다. 숨이 차고 팔뚝이 후들거렸지만, 남은 힘을 모아 베개와 쿠션까지 팡팡 두드렸다. 먼지 털기를 모두 마치고 이불들을 원래 자리에 가져다 놓는 일만 남았을 때다. 내가 잠시 숨을 고르고 있는데, 라온이가 후다닥 달려와서 이불에 앉았다.

"로운아, 우리 이걸로 새집 만들자!"

하필이면 가장 크고, 무거운 이불에서 그러다니! 그것만은 또다시 먼지를 털 엄두가 나지 않았다. 나는 이미 먼지를 다 털었으니 내려오라고 한 뒤 이불 끝을 잡아 올렸다. 라온이는 순순히 일어나는가 싶더니 특유의 장난기 가득한 웃음을 지었다. 그러고는 내가 잡은 이불 위로 폴짝 뛰어올라 미끄럼을 탔다. 어서 일어나라는 내 말에도 아랑곳하지 않았다. 이불에 드러눕고 팔과 다리를 쫙 편 채 키득거렸을 뿐이다.

여느 때의 나라면 엄포를 놓았을 것이다. 남자인지 여자인지 헷갈릴 정도의 굵은 목소리로. 하지만 그날은 잠시 녀석을 바라봤다. 이불에 누운 채 뭔가 더 재미있는 일이 없을지 생각하는 모습……. 천진난만하고, 익살스러운 그 표정은 몇 년 전 영상 속의 것과 다르지 않았다. 내 입가에 옅은 미소가 피어올랐다.

"우리 라온이는 장난치는 게 너무 좋고 재미있지? 그래, 엄마는 그 마음 다 알아. 라온이는 아주 어렸을 때부터도 그랬지. 워낙에 장난을 좋아하는 성격인 거야. 장난칠 때 이거 하나만 알면 참 좋겠어. 때로는 라온이에게는 장난이지만 상대방에게는 괴롭힘이 될 수 있다는 것을. 너무

지나치면 상대방이 힘들어질 수 있어. 그러니까 어느 정도 선에서 멈추면 딱 좋아. 라온이가 지금 멈추면 아주 적당한 장난이지. 이제 그만 멈추는 게 어때?"

여섯 살 장난꾸러기는 잠시 생각에 잠겼다가 이윽고 몸을 일으켜 이불에서 내려왔다. 엄지를 치켜세우며 환호하는 나를 향해 흐뭇하게 웃어주기도 했다. 내가 데일 카네기의 조언대로 녀석을 대했더니 모처럼 기분 좋은 마무리를 맛본 것이다.

어떤 사람이 자기 방식대로 생각하고 행동하는 데에는 나름대로 이유가 있다. 그 이유를 먼저 알아보라. 그러면 그의 행동, 아니 어쩌면 그의 인간성까지도 이해할 수 있는 열쇠를 얻게 될 것이다.

다른 사람의 입장에서 항상 생각하고 다른 사람의 관점에서 사물을 보는 것을 배운다면, 이 책은 당신 생애에 획기적인 전환점을 마련해 줄 것이다.

– 《인간관계론》 중에서(데일 카네기)

그동안 라온이의 지나친 장난을 멈추게 하는 데만 급급했던 나다. 아무리 아이라지만 왜 그렇게까지 행동하는 건지 이해가 안 갔다. 답답할 때가 많았다. 돌이켜보면 그 답답함 때문에 내가 더 예민해졌던 면도 있다. 마음속에 자욱하게 퍼져있던 안개가 걷히면 그 자리에 평온이 뿌려지고 관대함이 싹튼다. 휴대폰 속 추억의 영상이 라온이를 이해하는 데 도움을 주었다. 덕분에 녀석의 처지에서 생각해보고, 그 천성을 인정해

줄 수 있었다. 그러자 녀석이 순순히 내 말을 따라 주었다.

아이들과의 추억을 글로 기록하는 이 순간이 보물과 같다. 나는 믿는다. 먼 훗날 녀석들과의 문제에 맞닥뜨렸을 때, 이 기록들이 지혜를 줄 것임을. 내가 잊고 있던 소중한 사실을 깨닫게 하면서 말이다.

-¦-

고약한 말의 거름망

라온이와 로운이가 하나의 물건을 두고 자기가 임자라고 주장했다. 둘은 내가 심판관이 되어 주길 바랐다. 나는 일단 어떻게 하면 좋을지를 물었다. 녀석들은 저마다 생각해낸 방법을 조곤조곤 말했지만, 각자에게 유리한 것이었다. 내가 섣불리 결정하지 않고 고민 중일 때, 참다못한 일곱 살 라온이가 말했다.

"엄마, 엄마도 머리가 있잖아. 그러니까 생각이라는 걸 해야지!"

감히 그런 말을 하다니! 버릇없음에 대해서만큼은 그냥 넘어가지 않는 엄마에게 말이다. 천둥 번개 같은 소리로 호통칠만한 일이었다. 사슴 같은 눈망울에서 닭똥 같은 눈물이 쉼 없이 흘러나올 만큼 호되게. 그런데 그 순간은 일단 참았다. 왠지 자신이 잘못을 저질렀다는 것조차 모를 것 같았다. 나는 차분하면서도 단호한 어조로 물었다.

"라온아, 지금 그 말 혹시 누구 따라 한 거야? 만화에 나오는 악당인 거 같은데……."

녀석은 아차 싶은 표정을 지었다. 그것은 엄마의 엄숙함에 잠시 긴장한 것뿐이었다. 이내 미간을 찌푸리더니 이를 악물고 입을 다문 것을 보니 문제를 전혀 깨닫지 못하고 있었다. 그저 원하는 물건을 차지하지 못한 짜증을 표정으로 고스란히 드러내고만 있었다. 내 예상대로였다. 만화에 나온 말을 따라 한 것뿐이라고 여기는 게다.

다시금 느꼈다. 아이들이 접하는 말이 얼마나 중요한지를. 그리고, 부모만 조심한다고 해서 되는 것이 아님을. 나와 남편은 아이들이 무엇이든 따라 하는 것을 늘 신경 썼고, 그 앞에서는 말도 가려서 했다. 하지만 아이들에게는 부모로부터 접하는 것이 전부가 아니다. 원치 않는 말을 언제 어디서든 들을 수 있다.

가장 대표적인 것이 텔레비전이다. 방송을 보면 그야말로 셀 수없이 많은 표현이 쏟아진다. 아이들이 따라 하면 귀엽고 사랑스러운 말도 있지만, 따라 할까 염려되어 혀를 끌끌 차게 하는 말도 상당하다. 때로는 너무 거칠고 험하기까지 하다. 어린이 전용 방송조차도 말이다. 우리 집에는 텔레비전이 없지만, 라온이와 로운이는 그런 말들에 노출이 되고 말았다. 텔레비전을 볼 기회는 어디를 가건 있으니까. 친척 집, 식당, 여행지 숙소…….

만화를 보고 나면 어린 형제는 기억나는 장면을 재연하곤 했다. 꼬마 의사가 되어서 인형을 진찰하고, 자동차 로봇이 되어 위험에 빠진 친구를 구해주고, 초능력자가 되어 악당을 물리치고……. 상황 설정이 섬세하고(?) 연기가 실감 나서(?) 때로는 감탄을 자아낼 정도였다. 녀석들은 악당에 맞서 싸우는 영웅처럼 행동하다가 딱딱한 곳에 팔이나 발을 세게 부딪혀 울음을 터뜨리기도 했다. 어쨌든 주로 다정하거나, 용감하거나, 정의로운 모습을 연기하길래 그 점을 다행스레 여겼건만…… 우려하던 일이 벌어지고 만 것이다.

라온이가 악당의 말을 따라 한 것은 처음이었다. 하지만, 이제 시작일 뿐이리라. 솔직히, 악당들의 말투가 독특하고 재미있는 경우가 많으니. 작고 사랑스러운 아이의 입에서 고약하고 험한 말들이 나오는 건 상상만으로도 불편하다. 그 시기가 본격적으로 오기 전에 대비가 필요했다. 하지만, 앞으로 텔레비전을 아예 보여주지 않는 것은 쉬운 일이 아니었다. 리모컨만 살짝 누르면 볼 수 있는 걸 뻔히 아는데……. 내가 그 상황이 되어도 받아들이기 어렵다.

게다가 텔레비전을 막는다고 해서 해결될 문제가 아니다. 바람직하지 않은 표현은 언제, 어떤 식으로든 접할 수 있으니까. 더 근본적인 방법이 필요했다. 아이들 스스로가 입에 담지 않아야 하는 말을 걸러내게 하는 방법이. 누가 일일이 말해주지 않아도 말이다. 아이의 눈높이에 맞는 것이어야 하는데……. 문득 머릿속이 번쩍하며 라온이에게 익숙한, 아주 멋진 단어가 떠올랐다. 라온이의 유치원에서 선생님은 아이에게 "안녕하세요. 존중합니다.", 아이는 선생님에게 "안녕하세요. 존경합니다."라고 한다. 이 말을 좋아하는 라온이는 매일 밤, 잠자리에 누웠을 때 인사로도 활용한다. “안녕히 주무세요. 존경합니다. 존중합니다.” 하면서. ‘존중’과 ‘존경’……. 녀석이 매일같이 듣고, 말하고, 좋아하는 이 말이야 말로 기준이 되기에 충분하다.

엄마에게 혼쭐나야 마땅한 말을 해놓고도, 잘못을 모르는 라온이에게 말했다.

“라온아, 아마 라온이는 별생각 없이 만화에서 나왔던 말대로 엄마한테 했을 거야. 혹시 그 말에 상대방에 대한 존중이나 존경의 마음이 있는 거 같아?”

“아니…….”

나지막이 답하는 녀석의 얼굴에서 비로소 짜증이 걷혔다. 이내 어렴풋한 반성이 보였다.

“라온아, 만화 보는 거 자체를 엄마가 반대하지는 않겠어. 다만 방금 같은 문제에 대해서는 꼭 말할 게 있어. 만화를 보면 재미있는 장면들이 많이 나오지? 거기에 나오는 말 중에는 똑같이 따라 하고 싶은 것도 있을 거야. 엄마도 잘 알아. 그런데, 악당들이나 마음이 나쁜 사람들의 말은 어떤 거 같아? 가만히 보면 상대방에 대한 존중이나 존경이 전혀 없어. 그런 말은 따라 하면 안 되는 거야. 라온이도 한 번 생각해봐. 누군가 라온이한테 ‘너도 머리가 있잖아. 그러니까 생각이라는 걸 해야지!’라고 한다면 기분이 어떻겠어?”

멋쩍게 웃어 보이는 라온이, 내가 전하려는 바를 이해한 모습이었다.

녀석은 매일 ‘존경’과 ‘존중’이라는 단어를 열심히 말한다. 비록 그 말에 걸맞지 않게 행동하곤 하지만. 일단은 지금처럼 하루도 거르지 않고 입버릇처럼 하는 데 큰 의미가 있다. 일곱 살에게 말이 곧 행동으로 이어지는 것을 기대하는 것은 욕심일 수 있다. 어른도 힘든데 아이는 오죽하랴. 궁극적으로 가야 할 행동에 대해 지금처럼 계속해서 말로 하다 보면 몸에 은은하게 스며든다. 언젠가는 행동으로도 자연스럽게 나올 것이다. 하지만 그때까지 마냥 기다리고 지켜볼 일은 아니다. '행동'으로 되기까지는 시간이 걸리더라도 우선 '말' 만큼은 다스릴 수 있도록 도와야 한다.

앞으로 아이가 고약한 말을 하면 물어볼 생각이다.

"방금 그 말이 상대방에 대한 존중이나 존경이 담긴 말일까?"

아울러 나도 노력해야겠다. 그저 물어보는 사람이 아니라 물어볼 자격을 갖추도록. 즉, 나부터가 이 물음에 망설이지 않고 고개를 끄덕일 수 있는 사람이 되도록.

가만히 생각해보면, 어른들이 자주 하는 칭찬의 말이
'잘'과 '못'의 굴레에 빠지게 하는 원인이 될 수 있다.
"잘 그렸네.", "잘 만들었네."…….
그래서 나는 아이들에게 이렇게 말한다.
"우와! 멋지다." 하고.

조금은
다르게
생각하는
엄마

-¦-

바보란……

라온이가 책을 읽어달라며 내밀었다. 내가 며칠 전, 독서 모임에서 이야기 나눴던 책이었다. 책장에서 새롭게 발견한 책을 그냥 넘길 리 없는 여섯 살 꼬마지만, 나는 녀석에게 조금 더 크면 읽자고 했다. 초등학생을 대상으로 한 책이었으니까. 무엇보다 아직은 꿈, 사랑, 상상력이 넘치는 책을 접해야 하는 나이에는 어울리지 않은 내용이었다. 너무 어두웠다. 하지만 로운이와 힘을 합쳐서 졸라대니 버틸 수가 없었다. 책을 펼치는 수밖에.

《내 짝꿍 최영대》(글 최인선, 그림 정순희, 재미마주 펴냄). 줄거리는 이렇다. 주인공 영대는 전학생이다. 말도 없고, 지저분하기까지 해서 반 친구들로부터 괴롭힘과 따돌림을 당했다. 하지만 화를 내지도, 울음을 터뜨리지도 않았다. 때문에 '바보'라는 놀림까지 당했는데도 반응하지 않았다. 사실, 영대는 갑자기 어머니가 돌아가신 후 지금과 같이 변해버린 것이었다. 괴롭힘의 나날이 계속된 속에서 모두 수학여행을 떠났고, 사건이 터졌다. 한밤중에 영대가 뜻밖의 상황에서 울음을 터뜨렸다. 그칠 줄 모르고 서럽게 울어대는 영대에게 친구들이 하나, 둘 다가와 사과했다. 한바탕의 눈물 소동 이후 친구들은 영대를 소중히 다뤘고, 덕분에 영대도 점차 밝아졌다.

십 분 남짓이면 다 읽을 수 있는 짧은 그림책이지만, 많은 생각거리를 담고 있다. 내가 갔던 독서 모임에서도 다양한 측면에서 얘기를 나눴다. 그중, 특히나 긴 시간을 들였던 주제가 있다. 학교에서 한 아이가 따돌림을 당할 때, 내 자녀를 어떻게 지도할지에 대해서다. 도덕 교과서에서 배운 대로라면 따돌림에 동조하지 않게 하고, 다른 친구들의 악행도 멈추는 데 앞장서게끔 해야 한다. 그런데 실제로 그렇게 하자니 염려스럽다는 의견이 나왔다. 내 아이마저 따돌림을 당할까 봐. 의견들이 꼬리에 꼬리를 물고 나왔지만 결국은 쉬운 문제가 아님을 공감하며 얘기를 마무리했다. 비록 시원한 답을 찾지 못했지만, 매우 의미 있는 생각거리였다. 생각해보는 것 자체로도 좋았다.

과연 여섯 살, 네 살과는 이 책을 읽고 나서 어떤 얘기를 나눴을까? 우리의 대화는 로운이가 앙증맞은 목소리로 던진 물음에서 시작됐다.

"엄마, 바보가 뭐야?"

녀석은 그날 처음으로 '바보'라는 말을 들었다. 내게는 참 익숙한 말이건만, 나는 선뜻 답하지 못했다. 그 정의에 대해 곰곰이 생각해본 적이 한 번도 없었다. 일단은 언뜻 떠오른, 흔히들 알고 있는 내용으로 답했다.

"바보란…… 아는 것이 없는 사람을 말해. 예를 들어서, 이건 눈이고, 이건 코잖아. 그런데 그걸 모르면 바보라고 하지. 그러니까…… 당연히 알아야 하는 걸 모르는 사람을 바보라고 하지."

라온이와 로운이가 고개를 끄덕였지만 내 마음속에는 뭔가가 걸렸다. 그대로 설명을 마치면 안 될 것 같았다. 과연 바보가 '모르는 자'만일까? '아는 자' 중에도 있지 않을까?

"음…… 이렇게 뭐든 모르는 사람을 바보라고 하는데, 잘 알고 있는 사람 중에도 바보가 있어. 어떤 행동을 하면 안 되는 줄 알면서도 그렇게 하는 사람. 또 어떻게 행동하는 것이 옳은 줄 알면서도 안 하는 사람도 바보야."

쉽지 않은 얘기다. 하지만 라온이와 로운이는 도통 알아들을 수 없다는 표정이 아닌, 흥미와 기대에 찬 표정이었다.

"봐봐. 이 책에서 친구들이 영대를 괴롭혔지? 사람들은 누군가를 괴롭히는 게 나쁜 짓인 줄 당연히 알고 있어. 그런데도 영대를 괴롭혔잖아. 걔들은 바보가 맞을까? 아닐까?"

"맞아."

"그래. 바보 맞아. 그럼 이 친구들은 어떨까 한 번 생각해보자. 다른 친구들이 영대를 괴롭히는 걸 가만히 보고만 있던 친구들도 있었지? 친구가 나쁜 행동을 하면 말리는 게 옳거든. 그걸 알면서도 그냥 지켜만 본 거잖아. 걔들은 바보가 맞을까? 아닐까?"

"맞아."

"그래. 그러니까 알면서도 안 하는 것은 바보나 하는 짓이야. 지혜로운 사람은 달라. 알고 있는 대로 실천도 잘하지. 우리 라온이랑 로운이는 지혜로운 사람이에요? 바보예요?"

"지혜로운 사람!"

"맞아. 우리 귀염둥이들은 지혜롭지. 앞으로도 그런 사람이 되도록 노력하자!"

"응!"

내가 그동안 녀석들에게 강조했던 바와 결을 같이하는 대화였다. 나는 수시로 말했었다. 아는 것보다 더 중요한 것이 실천임을. 공자의 생각에 공감해서다. 《논어》에는 실천에 관한 그의 생각을 엿볼 수 있는 말들이 곳곳에 있다.

> 먼저 행동을 하고, 말이 그 행동을 뒤따라야 한다.
>
> 옛 사람들은 말을 밖으로 내놓지 않았다. 몸이 그 말을 따라가지 못할까 부끄러웠기 때문이다.
>
> 내가 안회와 종일 이야기를 했는데, 내 뜻을 어기는 것이 없어서 마치 어리석은 것 같았다. 그가 돌아간 뒤 홀로 지내는 것을 보니, 내 말들을 완벽하게 실천하고 있었다. 안회는 어리석지 않다.
>
> – 《논어》 중에서

내가 라온이와 로운이의 잘못을 꾸짖고 바람직한 행동을 알려주면, 녀석들은 "나도 알아."라고 할 때가 있다. 《논어》를 읽기 전의 나였다면 "알면 됐어." 하면서 얘기를 매듭지었을 것이다. 하지만 나는 단호하게 말한다. "알기만 하면 소용없어. 실천이 중요해."라고.

하지만, 공자의 가르침대로 모든 '앎'이 '실천'이 되도록 사는 것은 쉬운 일이 아니다. 솔직히 나도 제대로 지키지 못하고 있다. 모두의 추앙을 받는 성인(聖人)들이나 가능할 것이다. 그래도 나는 노력 중이다. 성인의 길에 점점 가까워지고자. 율곡 이이 선생의 말이 내게는 큰 울림을 주었었다.

> 학문을 시작할 때에는 맨 먼저 뜻을 세워서 반드시 성인이 되겠다고 다짐을 해야 하고, 스스로 안 될 것이라 판단하여 물러서려 하면 안 된다.
>
> –《격몽요결》 중에서(이이)

비록 나는 아는 바대로 철저하게 이행하고 있지는 못하지만, 실천의 중요성을 늘 머릿속에 간직하고 있다. 그리고, 내 행동을 수시로 돌아본다. 지금의 내 아이들에게 기대하는 것도 이 정도 수준이다. 모를 일이다. 언젠가는 나도 아는 바를 모두 실천하는 사람이 될지도. 어쩌면 내 아이들이 그럴 가능성이 더 크겠다. 지금처럼 어릴 때부터 꾸준히 노력하면 말이다.

《내 짝꿍 최영대》를 읽은 후, 실천에 관한 대화를 나누는 동안 라온이와 로운이의 눈동자에 결의가 일렁였다. 전에는 그저 순순히 고개를 끄덕이는 정도였는데 말이다. 이 놀라운 변화는 철학적 물음에서 시작했다. "엄마, 바보가 뭐야?"라는. 역시 아이의 질문은 언제나 옳다.

-¦-

거짓말 없는 온실

여행지 숙소 문을 열자마자 감탄사를 터뜨릴 때가 있다. 커다란 유리창을 액자 삼아 펼쳐진 그림 같은 전망은 나를 황홀경으로 이끈다. 여섯 살 라온이와 네 살 로운이는 어떨까? 녀석들의 마음을 사로잡는 것은 따로 있었으니…….

"우와! 여기 텔레비전 있다!"

두 꼬마는 크리스마스 선물을 받은 것처럼 깡충거렸다. 흔하디 흔한 텔레비전에 이렇게나 기뻐하다니. 집에 텔레비전이 없으면 이처럼 순박하고 사랑스러운 모습을 볼 수 있다. 언젠가 한 지인이 걱정스레 말했던 적이 있다. 다른 집 아이들은 텔레비전 봐서 다 아는 걸, 라온이랑 로운이만 모르면 좀 그렇지 않겠냐고. 또한, 텔레비전이 있어야 이것저것 보고 듣는 게 많으니까 발달도 더 빠를 거라고 했다. 나는 엷은 미소로 대답을 대신했다.

지인이 말했던 이유로 집에 텔레비전을 들이고 싶지는 않았다. 내 아이가 남들보다 더 일찍, 더 많이 안다고 해서 좋아할 내가 아니다. 그보다는 제 나이에 맞게 밝고, 건강하게 자라주길 바란다.

남편과 내가 여행 가방 속 짐을 푸는 동안 아이들은 소파에 앉아 있었다. 전에 할머니 댁에서 본 적이 있던 로봇 만화를 보면서. 녀석들의 두 눈은 초강력 진공청소기 같았다. 화면 속 장면들을 어느 것 하나도 빠짐없이 빨아들였다. 더 즐거운 여행을 만들어주고픈 자상한 아빠가 과자를 앞에 놓았지만 손도 대지 않았다. 이름을 불러도 답이 없었다.

얼마 뒤, 로운이가 나를 찾아 방으로 급히 달려왔다. 그러고는, 놀란 토끼 같은 눈을 한 채 흥분하며 말했다.

"엄마! 근데…… 아까 사람들이 막 도망갔을 때, 헬로 카봇(만화 속 로봇)을 부르는 친구는 화장실에 다녀온다고 했어. 사실은 헬로 카봇 부르러 가는 건데 그렇게 말했어."

곧이어 따라 들어온 라온이는 아주 중요한 소식을 갖고 온 것 같은 얼굴이었다.

"맞아! 장군이(주인공의 친구)가 어디 가느냐고 물어봤을 때 차탄(주인공 남자아이)은 잠깐 화장실 간다고 했어. 그게 아니라 헬로 카봇 부르러 가는 거였는데."

맑은 눈을 껌벅이며 나의 반응을 기다리는 둘을 바라보며 고민했다.

이제껏 일부러 대화 주제로 삼지 않았던 그것에 관해 얘기할지, 말지를.

라온이와 로운이가 내게 전해준 내용은 둘에게는 낯설기만 한 것이었다. 이 세상에 '거짓말'이 존재한다는 것을 모른 채 지내왔으니까. 녀석들은 이제까지 거짓말을 해본 적도, 누군가의 거짓말을 들은 적도 없다. 그 단어를 들어본 적도 없었다. 나는 그 흔한 가르침인 "거짓말은 하면 안 되는 거야."라는 말도 하지 않았다. 물론, 나도 여느 부모처럼 내 아이가 거짓말을 하지 않는 사람이기를 바란다. 하지만 그런 부정적인 표현을 통해 가르치고 싶지 않았다.

내가 택했던 방법은 아이들이 '거짓말 없는 온실'에서 지내게 하는 것이었다. 그를 위해 예민하리만치 신경 쓰며 솔선수범했다. 아이들에게 늘 진실만을 말하려 하고, 아주 사소한 것이라도 녀석들과의 약속은 반드시 지켰다. 혹시 시간이 지나서 나만 기억하는 약속이더라도 내가 먼저 얘기를 꺼냈다. 때로는 아이들이 잊어서 다행이다 싶은 것도 있었지만 예외를 두지 않았다.

"아, 맞다! 얘들아, 우리 오늘은 음료수 사 먹기로 했잖아. 지금 갈까?"

"참! 오늘은 다른 날보다 조금 늦게 자기로 했었지? 그럼 조금 더 놀자."

하지만 사는 동안 거짓말을 접하지 않을 수는 없는 법. 라온이와 로운이는 그날 만화를 통해 보고 말았다. 새로운 무언가에 늘 흥미를 보이는 녀석들이라 멈칫하고, 신기해하는 것이 당연하다. 어쩌면 혼란스러워할지도 모를 일이다. 이것은 시작에 불과하리라.

거짓말에 대해 진지하게 대화를 나눌 필요가 있음을 느꼈다. 그런데 결코 간단한 문제가 아니었다. 나쁜 것이니 해서는 안 된다고만 할 수 없는 문제였다. 로봇 만화 속 그 주인공은 착한 거짓말을 했던 거니까. 과연 아이들이 '하얀 거짓말'을 얼마만큼 이해할 수 있을까? 그것은 어른들에게도 버거운 일이다. 거짓말에 관한 대화는 복잡할 수밖에 없다. '모' 아니면 '도' 식으로 접근하면 곤란하다. 상대가 아이라면 더더욱 조심스럽다.

만약, 아이들 눈높이에 맞게 얘기를 풀어 간다고 하더라도 그 후가 염려스럽다. 녀석들이 그동안 머릿속에 없던 '거짓말'에 대해 생각하기 시작할 테니까. 그것이 어떤 영향을 미치게 될까? 문득, 놀이터에서 만났던 아이들이 떠올랐다.

당시 세 살이었던 로운이가 바람을 가르며 신나게 그네를 타고 있었다. 녀석은 내 무릎에 앉지 않고 혼자만 타는 것에 성공한 이후, 더욱 그네에 빠졌었다. 분홍 꽃장식이 달린 머리띠를 한 여자아이가 와서 그네 기둥을 붙잡았다. 얼마 뒤, 태권도복을 입은 남자아이도 그 뒤에 섰다. 둘 다 여덟 살 정도 되어 보였다.

"로운아, 우리 어느 정도 탔으니까 이제 내릴까? 저기 두 사람이나 기다리고 있네."

로운이는 고개를 저은 뒤 "살짝 세게 밀어줘."라고 외칠뿐이었다. 나는 그네를 힘껏 밀어준 뒤, 난감한 표정으로 분홍 꽃 소녀를 바라봤다. 그리고 나지막이 말을 건넸다.

"그네 어서 타고 싶지? 동생이 저렇게 안 내리겠다고 하는데, 좋은 방법이 있을까?"

놀이터에서 지혜가 필요할 때면 이런 식으로 묻곤 했다. 동심을 움직이는 방법은 동심이 가장 잘 알 테니까. 모르는 어른이 던진 돌발 질문에 아이들은 비슷하게 반응했다. 당황하기는커녕 재미있는 퀴즈를 푸는 듯 기분 좋게 답했다. 나이가 어릴수록 더 적극적이었다. 분홍 꽃 소녀는 꽃처럼 사랑스러운 미소를 지으며 고개를 한쪽으로 기울이더니 입을 뗐다.

"지금 내려오면 주말에 놀이동산에 데려가겠다고 거짓말해요."

"아……. 거짓말을 하자고? 그건 좀 그렇지 않을까?"

"우리 아빠는 그러는데……."

"그래?"

곧이어, 뒤에 서 있던 태권 소년이 늠름하게 나섰다.

"지금 내려오면 편의점 가서 원하는 과자 사주겠다고 해요."

"아……. 이 동생이 아직 어려서 편의점에서 과자는 안 사주는데……."

"일단, 그렇게 말해서 내려오게 하고, 안 사주면 되는데……."

속으로 적잖이 놀랐다. 이렇게나 어린데 해맑게 웃으며 거짓말을 권하다니! 이 아이들에게 거짓말은 낯선 것이 아니었다. 처음에는 어른들의 거짓말에 화를 냈을 테지만 거듭되다 보니 익숙해졌고, 어느 순간부터는 알면서도 속아주기도 했으리라. 씁쓸함과 안쓰러움이 교차했다. 녀석들이 부모의 거짓말을 접했을 때 덤덤함마저 보이는 모습이 떠올라서. 아직은 진실만 가득한 아름다운 동화 속에 있어도 좋을 나이인데……. 현실을 너무 일찍 알아버리는 것은 안타까운 일이다.

그때의 일을 떠올리니 생각이 정리됐다. 만화 주인공의 거짓말을 접한 라온이와 로운이에게 어떻게 해줄지가.

"얘들아, 차탄이 왜 헬로 카봇을 부르러 간다고 솔직히 말하지 않았을까?"

"몰라."

"어쩌면 헬로 카봇을 보호하려는 게 아니었을까? 헬로 카봇을 부르는 방법을 나쁜 사람들이 알지 못하도록. 그 사람들은 아마 헬로 카봇을 나쁜 일을 하는 데 쓸 테니까. 어때?"

"맞아!"

녀석들은 만족스러운 표정을 지어 보인 뒤, 다시 텔레비전 앞으로 가 앉았다.

나는 끝내 '거짓말'에 관해 얘기해 주지 않았다. 언제쯤 알게 해주면 좋을지는 잘 모르겠다. 아직은 때가 아닌 것만은 분명해 보였다.

앞으로도 진실하고 믿음 가는 부모의 모습을 보여주는 데 더욱 집중하겠노라 다짐했다. 부모의 투명한 말과 행동은 자식에게 자연스레 녹아든다. 그것이 씨앗이 되어 마음 깊은 곳에 '정직'이라는 뿌리로 자랄 것이다. 여섯 살, 네 살 아이에게는 그 뿌리를 튼튼히 하는 것이 필요하다. 어떤 것에도 흔들리거나 뽑히지 않도록 단단하게.

소원을 말하세요

"엄마, 엄마가 글 썼던 종이 좀 줘."

세 살의 로운이가 다가와 말했다. 정확하게는 '종이에 출력한 원고'를 달라는 것이다. 나는 원고 한 편을 완성하면 일단 출력해서 소리 내어 읽어본다. 글의 완성도를 높이는 데 도움이 되는 방법이다. 오타, 문맥이 안 맞거나 어색한 부분, 같은 표현의 잦은 반복 같은 것을 쉽게 찾을 수가 있다. 가끔은 신기하기도 하다. 컴퓨터 모니터에 있건, 종이에 인쇄되어 있건 모두 같은 글인데 달리 보이는 것이.

검토를 마친 종이들은 아이들 손이 안 닿는 곳에 차곡차곡 모아둔다. 글자가 없는 새하얀 면에 또 다른 원고를 출력하기도 하고, 연습장으로 쓰기도 한다. 머릿속에 떠오르는 글에 관한 생각들을 두서없이 적는 데도 안성맞춤이다.

그 종이들은 또한 아이들의 놀잇감으로도 쓰인다. 언젠가 녀석들이 비행기를 접어달라고 했을 때였다. 내가 모아두었던 원고 뭉치를 들고 왔더니 아이들은 감탄하며 환호했다. 종이라면 책, 색종이, 스케치북 따위만 익숙했던 녀석들에게 얇은 A4용지는 감탄을 자아낼 만큼 낯설고도 멋진 물건이었다. 그 후, 나의 원고들은 여러 모습으로 새로이 태어났다. 비행기, 배, 딱지, 왕관, 종이 인형…….

로운이가 이번에는 어떤 놀이를 하고 싶어서 그 종이를 찾는 걸까? 몇 장이 필요한지 물으니 녀석은 손가락으로 브이(V)를 만들었다. 두 장을 달라는 것인데, 나는 씩 웃으면서 세 장을 주었다. 얇은 종이 한 장을 덤으로 받았을 뿐인데 깜짝 선물을 받은 듯이 신난 꼬마의 모습에 내가 더 행복했다.

보통은 받은 종이를 다시 내게 내밀면서 멋진 걸 접어달라고 하는데, 그날 녀석은 아무 말이 없었다. 내가 "멋진 거 접어줄까?" 하고 물어도 괜찮다면서 종이들을 바닥에 차곡차곡 겹쳐 놓았다. 그리고 돌돌 말기 시작했다. 나는 식사 준비를 위해 자리를 떴다.

조금 뒤, 로운이가 달려와서는 물건을 파는 사람처럼 크게 외쳤다.

"자, 소원을 말하세요! 소원을 말하세요!"

"어머, 소원을 말하면 들어주시나요?"

"예, 이게 마법 지팡이라서 소원을 들어줄 수 있어요."

녀석이 손에 쥐고 흔든 것은 종이를 말아서 막대처럼 만든 것이었다.

"우와, 마법 지팡이가 엄청 멋지네요."

"예, 멋져요. 자, 소원을 말하세요! 소원을 말하세요!"

종이 막대가 소원을 이뤄주지도 않을뿐더러, 아이가 놀이하는 것이니 나도 가볍게 생각하고 답하면 그만이었다. 하지만, 선뜻 말하지 않았다. 자식 앞에서 소원을 말하는 것은 신중해야 한다. 엄마가 추구하는 삶이 무엇인지 은연중에 내비치는 것이니까. 엄마의 생각은 어떤 형태로든 아이에게 영향을 줄 수밖에 없다.

순간 떠오른 것은 '우리 가족의 건강과 행복'이었다. 이 정도면 제법 괜찮은 소원이다. 그런데도 왠지 만족스럽지 않았다. 이왕이면 내 소원을 말해주는 것으로 말미암아 아이가 더 크고, 넓게 사고할 수 있으면 좋으련만……. 마침 그에 걸맞은 것이 곧 떠올랐다.

"마법사님, 제 소원은 온 세상 사람들이 모두 건강하고 행복한 거예요!"

"그건 좀 비싸요."

"그래요? 얼만데요?"

"이천 원이요."

꼬마 마법사는 처음부터 줄곧 진지한 태도를 보였다. 자신이 엉뚱한 생각과 행동을 하고 있다는 사실조차 잊은 채. 우습게 들릴 테지만 때로는 나도 그 엉뚱함에 전염이 된다. 그날도 그랬다. 로운이의 답을 듣자마자 생각했다.

'정말로 그 가격에 소원을 이룰 수 있다면 얼마나 좋을까?'

거기에 한술 더 떠서 진지하게 바라기까지 했다. 나의 원고로 만든 종이 막대가 진짜 마법 지팡이라면 좋겠다고.

나는 착한 사람 눈에만 보이는 돈을 로운이의 손바닥에 올렸다. 다행히 이 꼬마 마법사는 그 돈을 볼 수 있었다. 그리고, 내가 주문한 소원을 이뤄주고자 마법 지팡이를 휘두르며 말했다.

“자, 이제 소원이 이루어졌어요.”

-¦-

직업에 대하여

식탁 옆 벽에 붙어 있는 크고 작은 종이들 각각에는 내가 언제고 기억하고픈 생각, 명언, 단어들이 담겨 있다. 라온이가 저녁을 먹다 말고 입을 벙긋거리며 한 글자씩 읽기 시작했다. 전에는 눈길 한 번 주지 않았는데, 한글에 갓 눈을 뜨니 관심이 생긴 모양이다. 우선 작은 종이에 있는 글자들을 모두 읽어냈고, 남아 있는 한 장의 큰 종이는 그저 바라보기만 했다. 그러고는 손가락으로 가리키며 물었다.

"엄마, 저건 뭐야?"

걸음마 수준의 읽기를 막 시작한 입장에서는 부담스러운 글자 수였다. 하지만 나는 라온이가 도전하길 바랐다. 그 목소리로 듣고 싶었다.

"음……. 저건 좀 길긴 한데, 라온이가 한 번 읽어볼래?"

"노…… 신…… 화…… 는……, 위…… 대…… 한……, 작…… 가…… 이…… 다……. 휴우, 이제 엄마가 읽어줘."

첫 문장까지 읽은 것만으로도 충분히 손뼉 쳐 줄만 했다. 나는 녀석의 머리를 쓰다듬어준 뒤 처음부터 읽어주었다.

노신화는 위대한 작가이다.
전 세계인들의 가슴을 따뜻하게 하고 깊은 울림을 준다.
고개를 들면 창밖의 아름다운 자연이 활짝 웃어주는 아늑한 집필실에서
위대한 작품들이 탄생한다.

작가로서의 내 포부를 담은 글이다. 언젠가는 꼭 이루어지기를 바라고, 또 그렇게 되리라 믿는다. 세계적인 작가가 되는 것도, 따뜻함을 주는 것도, 자연과 함께하는 아늑한 집필실에서 글을 쓰는 것도. 사실, 현재 글을 쓰는 곳도 정겹고 좋긴 하다. 키보드를 두드리다가 고개를 들면 늘 같은 자리에서 나를 응원해주는 이들이 있다. 싱크대, 가스레인지, 전기밥솥……. 매일 밤, 아이들이 잠든 이후 식탁에서 글을 쓰다 보니 주방 친구들에 둘러싸여 그들의 응원을 받고 있다. 하지만 언젠가는 생명이 깃든 오색찬란한 자연을 바라보며 글을 쓰고 싶다. 더 따뜻한 글을 쓰는 데 도움이 될 테니까.

"이건 엄마가 어떤 작가가 되고 싶은지에 대해서 쓴 거야. 어때?"

"좋아."

라온이와 로운이는 엄마가 작가임을 잘 알고 있다. 내가 갑작스레 글을 쓰고 싶어 하면 배려할 줄도 안다. 가끔은 상황극 놀이를 즐기면서 나를 따라 하기도 한다. "잠깐만요. 제가 지금 글 좀 써야 하거든요. 곧 갈게요." 하면서. 진지한 얼굴로 탁자 위를 열 손가락으로 빠르게 두드리는 모습은 중견 작가라고 해도 믿을 정도다. 엄마가 글 쓰는 사람이라는 정도만 알고 있는 녀석들에게 이제는 말해주고 싶어졌다.

"얘들아, 엄마가 왜 작가가 되었게?"

"몰라."

둘은 이구동성으로 답하자마자 나를 빤히 쳐다봤다. 몹시도 알고 싶어 하는 표정으로.

"할아버지께서…… 그러니까 엄마의 아빠가 아주 아프셨다고 했잖아. 그때 많은 사람이 할아버지를 낫게 하려고 얼마나 노력해줬는지 몰라. 아주 먼 곳에 사는데도 찾아와주고, 밤늦은 시간까지 잠도 안 자고 도와줬었지. 할아버지 건강에 좋은 음식을 공짜로 준 사람도 있었고. 엄마한테는 계속해서 힘내라고 해줬어. 그런데 말이야, 그 사람들이 사실은 우리 가족을 잘 아는 사람들이 아니었거든. 그야말로 남이었는데, 마치 자기 아빠를 위한 일인 것처럼 도와줬던 거야. 엄마가 그때 어떤 생각이 들었는지 알아? '세상이 정말 아름답고 따뜻하구나.'였어. 그리고 다짐했지. 나도 세상을 따뜻하게 하는 사람이 되겠다고. 그래서 작가가 된 거야. 읽고 나면 마음을 따뜻하게 해주는 글을 쓰려고. 어때?"

"좋아!"

내가 걸어가고자 하는 삶의 길에 대해 말할 때면 가슴 깊은 곳에서 뜨거운 무언가가 차오른다. 아이들이 내 얘기를 이해하지 못했을 수도 있다. 하지만 열정만큼은 전해졌으리라.

"라온이랑 로운이는 이다음에 어떤 사람이 되고 싶어?"

라온이가 자신 있게 말했다. 일 초의 망설임도 없이.

"나는 당연히 회사원이 돼야지. 남자니까."

직업을 물은 것이 아니건만……. 하긴, 여섯 살의 끝자락에 있는 아이에게 '어떻게 살 것인가?'에 대한 답을 기대하는 것은 무리일 수 있다. 나도 그 나이 때는 생각조차 안 했고, 성인이 되어서도 여전했다. 서른 즈음에야 삶의 방향에 대해 어렴풋이 생각해보기 시작했다. 그랬던 내가 서른다섯에 삶의 의미, 가치관에 대해 깊이 파고들었다. 아빠 덕분이다. 아빠는 막내딸에게 그렇게나 큰 선물을 주셨다. 암 진단 후 76일 만에 하늘나라로 가시면서.

아직 어린 라온이와 삶의 방향을 논하는 것은 훗날로 미루더라도, 한 가지는 짚고 넘어갈 게 있다. 녀석이 매일 출퇴근하는 아빠 모습을 보니 회사원이 되고 싶어 할 수도 있다. 그런데, '남자니까.'라니!

나는 남자아이가 파란색, 여자아이가 분홍색을 고집하는 것을 반기지 않는다. 어쩌다가 그 작은 머릿속에 선이 그어진 걸까? 본능일 수도 있겠지만, 어른들의 편견과 각종 매체의 영향도 있으리라. 내 아이들은 그 억지스러운 경계의 늪에 빠지지 않기를 바란다. 때문에 나는 녀석들의 옷이나 물건을 살 때 파랑 이외의 색을 우선 고르고, "남자는 이래야 해." 라는 말을 하지 않는다.

"라온아, 남자라고 해서 꼭 회사원이 될 필요는 없어. 세상에는 다양한 직업들이 있으니까. 그리고, 엄마도 예전에는 회사원이었어. 회사원은 남자만 되는 게 아니란다."

"그래?"

"물론이지. 자, 엄마가 물어볼게. 의사는 남자가 하는 거야? 여자가 하는 거야?"

"남자."

"우리 동네 소아과 의사는 남자지? 그런데 라온이랑 로운이가 아기였을 때 살던 동네는 여자 의사였어. 그러니까 의사는 남자, 여자 다 할 수 있는 거야. 그럼 경찰은 어떨까?"

"남자. 아니! 여자도 할 수 있어."

"그래, 맞아. 그럼 선생님은?"

"남자, 여자 둘 다."

다른 직업들에 대해 더 물었고, 아이들 머릿속에 그어졌던 선이 지워졌음을 확인했다. 그쯤에서 멈추려다가 문득 깨달았다. 의사, 선생님, 경찰……. 내가 녀석들과의 대화에 주로 언급하는 직업들이다. 세상에는 셀 수 없이 많은 종류의 직업이 있건만, 특정 직업만 대화에 등장시켰던 것이다. 왜 그랬을까? 아이들이 주변에서 흔히 볼 수 있고 책에도 자주 나오니까? 곰곰이 생각해보니 단지 그 때문만은 아니었다.

고백하건대, 직업에 대한 기준을 은연중에 심어주려는 의도도 있었던 것 같다. 대다수 사람이 호의적인 태도를 보이는 직업에 익숙해지게 만들면서 말이다. 나를 반성했다. 한쪽으로 치우치지 않고자 노력하는 사람인 줄 알았는데, 아이들에게 편견을 심어줄 뻔했다니!

지구에 존재하는 수많은 직업 중에 유독 특별하고 가치 있는 것이 따로 있을 리 없다. 저마다 같은 높이에 자리하며, 나름의 의미가 있다. 라온이와 로운이가 이 사실을 자연스레 받아들일 수 있기를 바란다. 그 시작은 대화 아니겠는가! 나는 질문을 이어갔다.

"그럼…… 택배기사는 남자가 하는 거야? 여자가 하는 거야?"

"남자, 여자 둘 다."

"피아노 연주자는?"

"남자, 여자 둘 다."

"청소부는?"

"남자, 여자 둘 다."

"배우는?"

"배우가 뭐야?"

그날의 대화 내내 아이들에게 낯선 직업들이 수시로 등장했다. 라온이와 로운이는 그때마다 눈을 반짝였다. 그야말로 알찬 대화였다. 직업에 대한 녀석들의 시각을 넓혀주었을 뿐 아니라 흥미롭기까지 했다. 진작 이렇게 하지 못한 것이 아쉬울 정도였다. 하지만 앞으로 더 분발하면 된다. 나는 아이들에게 엄마표 창작동화를 들려주곤 하는데, 이제부터는 등장인물들의 직업을 설정할 때 보다 신경을 쓰고자 한다. 과일 가게 사장, 세탁소 직원, 외교관, 화가, 택배기사, 헤어 디자이너, 운전기사……. 그야말로 다양한 분야의 직업들이 나올 것이다. 벌써 기대된다. 내 이야기가 얼마나 풍성해질까나.

-¦-

'잘'과 '못'의 굴레

우리 집 두 꼬마가 축구에 빠졌다. 손흥민 선수의 활약 모음 방송을 보고 난 후부터다. 여섯 살 라온이가 유치원에서 돌아오면 우리 셋은 간단히 간식을 먹은 뒤, 탱탱볼을 들고 서둘러 나갔다. 아파트 내에 있는 배드민턴장이 우리의 경기장이다. 양 끝에서 마주 보고 있는 기다란 의자가 골대고, 그 앞면에 공이 닿으면 골인이었다.

두 꼬마가 한 팀을 이뤄 나와 맞섰다. 라온이는 공격과 수비를, 로운이는 골키퍼를 맡았다. 나는 수적으로 열세였지만 거뜬히 이겼다. 그나마 내가 발로 공을 어느 정도 다룰 줄 알았기에 녀석들의 재미와 승리욕을 키웠다. 나는 회사에 다녔을 때 체육대회를 하면 발야구, 족구를 제법 잘했었다. 그 실력이 아이들과 축구를 하는 데도 도움이 될 줄이야. 축구라고 하기에도 민망할 정도의 공차기였지만 제법 재미있었고 운동량도 만만치 않았다.

여느 때처럼 우리 셋이 한참을 놀고 있는데, 한 아이가 와서 같이 해도 되냐고 물었다. 나는 "물론이지!"라고 했다. 넷이서 종횡무진 뛰어다니고 있는데 또 다른 두 아이가 다가왔다. 사람이 늘어나니 재미가 더해졌다. 조금 뒤, 자전거를 타고 지나가던 세 아이가 멈추더니 우리에게 다가와서 합류했다. 그렇게 동네 초등학생 여럿과 어울려서 축구를 했다.

그날부터 동네 아이들은 내가 라온이, 로운이의 손을 잡고 놀이터에 나타나면 눈을 반짝였다. 고개를 꾸벅하고 상냥하게 "안녕하세요."라고 하는 인사에 나는 명랑하게 말했다.

"어, 그래. 안녕. 같이 축구할까?"

우리들의 경기에는 관중도 있었다. 아이들의 엄마, 할머니, 할아버지……. 때로는 산책 나온 이웃들도 멈춰 서서 구경했다. 나도 그 자리에 나란히 서서 관람을 하고 싶었다. 내가 그들 쪽으로 가면 라온이와 로운이는 내 손을 잡아끌었다. 엄마도 함께해야 한다며. 그때마다 내게 측은한 눈빛을 보내는 관중들에게 나는 애써 웃음을 지어 보였다.

만약, 라온이와 로운이가 어른이 되었을 때, 엄마와의 옛 추억을 얘기할 일이 있으면 이렇게 말할 것이다.

"엄마랑 축구했던 게 좋았어요."

그 순간을 가끔 머릿속에 그려보면 피식 웃음이 난다. 내가 동네 남자아이들과 어울려 매일같이 축구를 할 줄이야. 게다가 그즈음에는 로운이의 부탁으로 조립 로봇을 완성하기도 했다. 결혼 전에는 엄마가 된 내 모습으로 딸의 긴 머리를 곱게 땋아주고, 함께 인형 놀이를 하는 것만 그려보던 나다. 이처럼 인생은 상상조차 못 했던 일들이 언제든 일어난다. 그렇기에 매력적이다.

마흔이 넘은 나이에 두 아들과 매일같이 축구를 하다 보니 몸이 뻐근했다. 하루는 도무지 그냥 둘 수 없어서 마사지를 받았는데, 역시 몸은 정직했다. 곳곳의 뭉친 근육을 풀어주던 마사지사가 말했다. 내 종아리가 심하게 뭉쳤다고. 굳이 말을 하지 않아도 몸이 마사지사에게 알려주고 있었다. 내가 오른발잡이인 것을. 그날 마사지사는 오른쪽 종아리를 푸는 데 긴 시간을 할애했다.

그래도 축구를 하는 것이 좋았다. 두 아들과 행복한 추억의 페이지를 쌓는 것이니까. 게다가 동네 아이들의 고운 심성까지 느껴져 마음이 따뜻했다. 우리가 차고 놀던 진달래색 탱탱볼은 아주 가벼웠고 살짝만 건드려도 통통 튀었다. 때문에 단단한 축구공에 익숙한 동네 아이들이 슈팅하면 공이 높이 솟아올라 골대를 벗어나기 일쑤였다. 그런데도 누구 하나 "제 축구공으로 하면 안 돼요?"라는 말을 하지 않았다. 어린 라온이와 로운이를 위한 형들의 배려였다. 아이들은 누군가 탱탱볼을 실수로 세게 차기라도 하면 입을 모아 말했다. "세게 차지 마. 아기 있잖아!"라고.

평소보다 많은 아이들과 축구를 했던 날이 있었다. 그날 저녁 식사 때 내가 말했다.

"라온아, 로운아. 엄마는 아까 축구했을 때, 그 형아가 참 멋있었어."

"누구? 3층 형아?"

3층에 사는 아이는 축구 실력이 뛰어나서 우리 집 꼬마들이 늘 같은 편을 하고 싶어 했다.

"그 형아도 참 멋있지. 그런데 지금 말하는 형아는 초록색 잠바를 입었던 형아야."

그날 처음 본 아이였는데, 우리와 축구를 자주 하는 아이와 함께 왔었다. 녀석은 처음에는 자전거에 앉은 채 구경만 했다. 친구가 같이 하자고 했을 때는 해맑게 말했다.

"나는 축구하면 안 되는데……."

축구를 하면 안 된다니! 그 사정이 궁금했다. 축구를 마다하는 남자아이는 처음 봤으니까. 그 아이의 친구는 이해가 안 간다는 듯한 말투로 왜 안 되는지 물었다. 아무래도 둘은 같이 어울린 지 얼마 안 된 사이 같았다.

"나 정말로 축구 잘 못하거든."

"야! 괜찮아. 그냥 해."

"정말인데……. 알았어. 그럼 나 너무 못한다고 뭐라 하지 마."

눈웃음을 보이며 다짐을 받아내는 모습 또한 해맑았다. 나는 녀석이 공을 다루는 솜씨에 놀랐다. 저렇게까지 못할 수도 있다니! 바로 앞에 있는 공을 차지 못하고 헛발질을 하기 일쑤였다. 우스갯말인 '개 발'이 어떤 경우에 쓰이는지 제대로 실감했다. 여섯 살 라온이도 그 아이를 만만하게 느꼈는지 바짝 다가가 공을 뺏으려고도 했다. 지금껏 다른 형들에게는 시도조차 하지 않았었는데 말이다.

같은 편 아이들도 그 아이의 실수에 어이없어했다. 하지만 뭐라 하지 않겠다는 약속을 지켰다. 그 아이는 주눅 들지 않았고, 시종일관 웃는 얼굴이었다. 뛴다는 자체를 즐기고 있었다. 하지만 체력이 그리 좋지는 않은지 몇 분 뛰지도 않았는데 거친 숨을 몰아쉬었다. 결국, 좀 쉬겠다며 옆으로 물러섰다.

비록 몸놀림은 형편없었지만 녀석에게는 탁월한 게 있었다. 경기 상황을 중계하는 것이, 꼭 유능한 해설자 같았다. 발음이 야무져서 귀에 쏙쏙 들어왔고, 은근히 재미도 있었다.

"엄마, 근데 그 형아는 축구 엄청 못했는데 왜 멋있어?"

라온이가 의아하다는 표정으로 물었다.

"그래. 참 못했지. 혹시 그 형아가 축구를 하면서 즐거워한 거 같아? 아니면 자기가 잘 못한다고 창피해하거나 속상해한 거 같아?"

"즐거워한 거 같아."

"그래서 멋있다는 거야. 그 형아는 축구를 안 하겠다고 끝까지 버티지 않았어. 그냥 즐겁게 했잖아. 엄마가 늘 말했지? 도전하는 삶은 어떻다고?"

"아름답다."

"옳지. 어제 그 형아가 축구를 했던 것은 바로 도전이었거든. 엄마는 그 모습이 너무 아름답고 멋졌어. 우리 라온이랑 로운이는 앞으로 무엇을 하든 잘 못한다고 해서 아예 안 할 거야? 아니면 일단 해볼 거야?"

"일단 해볼 거야."

"와! 멋지다. 뭐든 즐겁게 해보도록. 알겠는가?"

"응!"

이 세상 모든 아이가 초록색 잠바 소년처럼 무엇이든 위축되지 않고 즐기면 좋겠다. 하지만, 해보지도 않고 포기하는 아이들이 제법 된다. 자신은 잘 못한다면서. 가만히 생각해보면, 어른들이 자주 하는 칭찬의 말이 그 원인 중 하나가 될 수도 있겠다.

"우와! 잘 그렸네."

"우와! 잘 만들었네."

이런 칭찬에 익숙해지면 은연중에 '잘'과 '못'의 굴레에 덮일 수 있다. 그러면 '잘' 만을 추구하고 '잘'이 아닌 것은 감추려 한다. 따라서 나는 아이들에게 이렇게 말한다.

"우와! 멋지다."

분명한 사실이 있다. 어른들이 아이들의 상상력 넘치고 독특한 작품을 두고 '잘'과 '못'을 판단하는 것은 가당치 않다. 동심의 모든 작품은 멋질 따름이니까.

첫째의 당연하지 않은 양보

아이들 없이 식당에 가본 것이 얼마 만이던가! 그날의 점심시간만큼은 '엄마'가 아닌 '노신화'이고 싶었다. 하지만 함께 자리한 이들과의 대화에서 아이들이 수시로 나왔다. 하긴 유치원 학부모들과의 모임이었으니.

"라온이는 동생한테 양보 잘하죠?"

"네, 잘하는 편이에요."

"비결이 뭐예요? 우리 큰애는 절대 양보를 안 해요. 물론 타고 난 성향도 있겠지만 엄마가 어떻게 하는가도 분명 영향이 있을 텐데……."

비결이라…… 딱히 떠오르는 것이 없었다. 라온이도 한때는 늘 자기가 먼저라고 고집을 부리던 아이였는데 언젠가부터 달라졌다. 얼핏 생각해보니 나이 때문인가 싶었다. 여섯 살이 되고 많이 의젓해졌으니까. 하지만 내게 물어본 지인에게는 차마 할 수 없는 얘기였다. 그녀의 첫째 아이는 라온이보다 한 살 더 많은 일곱 살이었다.

그럼 정말이지 무엇 때문일까? 라온이를 양보 잘하는 형으로 만든 나의 비결이 있기라도 한 걸까? 곰곰이 생각해봐도 속 시원한 답을 찾지 못했다.

유치원에서 돌아온 라온이와 버스를 탔다. 친정에 있는 로운이를 데리러 가야 했다. 라온이는 동생을 데리러 가자는 말에 장난감을 주섬주섬 챙겨 들고 따라나섰다. 아이 손바닥만 한 탬버린과 꽃 모양 흡착판이었다. 버스 안에서 그것들을 붙였다 뗐다 하면서 잘도 놀았다.

친정 현관문을 열자마자 로운이가 문 앞으로 달려왔다. 익살스러운 표정을 지으며 빙글빙글 돌기도 하고, 고릴라 같은 소리를 내면서 고개를 좌우로 까딱거렸다. 안 본 사이에 더 개구쟁이가 됐다. 할머니와 무척이나 행복한 시간을 보냈음을 알 수 있었다.

내가 짐을 챙기는 동안 두 형제는 서로에게 이야기보따리를 풀었다. 드디어 집으로 갈 시간이 됐다. 라온이가 먼저 신발을 신었다. 로운이는 신발을 신으려다가 멈추더니 한 곳을 물끄러미 쳐다봤다. 꽃 모양 흡착판이었다. 그것은 라온이가 흔들며 노는 탬버린에 붙어 있었다.

"나도 그거 갖고 싶다."

"안 돼. 내가 갖고 놀 거야."

"나도 그거 갖고 싶어!"

큰 목소리로 거듭 말해도 형이 아무런 반응이 없자 로운이가 울음을 터뜨렸다. 나는 가방을 내려두고 녀석의 등을 토닥여주었다. 하지만 그 이상은 나서지 않고, 일단 지켜보기로 했다. 최근에 두 녀석이 갈등을 평화롭게 해결하는 모습을 종종 봐온 터였다. 형제는 같은 물건을 사이에 두고 티격태격하는 대신 "로운아, 오늘은 내가 쓰는 날이니까, 로운이는 내일 써.", "형아, 오늘은 와플 블록을 누가 쓰는 날이지?" 하며 사이좋게 의견을 나누었다. 주로 라온이가 "우리 이렇게 하는 게 어때?"라고 조곤조곤 말하면 로운이는 "좋아." 하면서 흔쾌히 따랐다. 이번에도 라온이가 슬기롭게 해결의 첫 단추를 낄 것 같았다.

하지만 그날은 동생이 우는데도 탬버린을 흔드는 데만 빠져 있었다. 결국, 로운이가 울먹이며 소리쳤다.

"그거 내 거잖아!"

그랬다. 파란색 꽃 모양 흡착판의 주인은 로운이다. 라온이는 동생 물건을 들고 온 것이다. 자신의 분홍색 흡착판은 집에 두고. 로운이가 속상할 만도 했다. 최근에 즐겨 갖고 놀던 장난감이 형의 손에 있으니. 그런데도 라온이는 미안해하기는커녕 오히려 큰 소리로 말했다.

"내가 가져온 거잖아!"

그러고는 얼굴을 일그러뜨렸다. 로운이가 어깨까지 들썩이며 펑펑 울자 친정엄마가 말했다.

"라온아, 동생 울잖아. 형아가 좀 양보하자. 그래야 멋진 형아지. 응?"

할머니는 대개 이런 식으로 손자들의 다툼을 해결하려 했다. 만약 라온이가 할머니 말씀을 따르면 폭풍 칭찬을 해주었다. 하지만 성공 확률이 높은 방법은 아니었다. 라온이는 '형아니까 양보하자.'라는 말을 순순히 따를 때도 있었지만 대부분은 거부감을 드러냈다. 이번에도 못마땅한 표정을 지으며 콧바람을 세차게 불어댈 뿐이었다. 로운이의 울음소리가 더 커지자 친정엄마는 라온이를 나무랐다. 형이 양보를 안 한다면서. 내가 나서야만 했다. 일단 울고 있는 로운이의 관심을 다른 데로 돌렸다.

"로운아, 할머니 집에 올 때 꼬마 기차 갖고 왔었잖아. 그거 갖고 놀자. 어디 있어?"

로운이는 울음을 그치더니 가방에 있다고 말했다. 내가 연두색, 파란색 기차를 찾아서 양손에 하나씩 쥐여 주자 안정을 찾았다. 녀석의 신발을 신겨주려던 찰나, 라온이가 "나도 줘." 하면서 연두색 기차를 낚아챘다. 형에게 장난감을 뺏긴 로운이는 울부짖었다.

"라온아! 로운이한테 돌려줘!"

내가 단호하게 말하자, 녀석은 순순히 돌려주었지만, 얼굴에는 심통이 가득했다. 곧이어 사납게 소리쳤다.

"연두색은 내 거잖아!"

"내가 가져온 거잖아!"

로운이가 앙칼지게 맞섰다. 조금 전에 꽃 모양 흡착판을 두고 형이 했던 말을 토씨 하나 안 틀리고 그대로 하면서. 역시 아우는 형의 말과 행동을 순식간에 배운다.

어른 엄지만 한 크기의 장난감 기차가 뭐라고……. 그걸 손에 쥔 네 살의 아우는 기어코 뺏기지 않으려 했고, 여섯 살의 형은 어깨까지 들썩이며 뜨거운 콧바람을 연신 내뱉었다. 누구라도 흥분을 가라앉히는 게 우선이었다. 나는 라온이의 손을 잡고 다정하게 말했다.

"라온아, 물론 연두색 기차는 라온이 것이 맞지. 그렇다고 로운이 손에 있는 걸 그냥 가져가는 건 좀 그런 거 같아. 그러니까 로운이도 더 안 주려고 하는 것 아닐까? 혹시 로운이한테 기차를 달라고 말로 해봤어? 그러면 주지 않을까?"

"로운아, 나한테 그 연두색 기차 줄래?"

라온이는 아무리 화가 나도 고집만 부리는 대신 다른 시도를 할 줄 알았다. 자신이 원하는 것을 얻기 위해서라면. 형이 한 번 수그러들었으니 동생의 차례였다.

"싫어. 난 가방에 둘 다 넣는 게 좋아."

네 살배기 동생은 얄미운 핑계를 대며 거절했다. 그러면서 눈에 힘을 준 채 형을 쳐다봤다. 뻔히 보였다. 아까 자신이 원했던 장난감을 안 준 형에게 그대로 갚아주려는 의지가. 라온이는 나를 보며 거칠게 한숨을 내뱉고는 동생을 노려봤다.

상대가 원하는 것을 각각 손에 쥔 채 팽팽하게 맞선 두 형제. 장난감을 들고만 있을 뿐 그것으로 재미있게 놀 생각도 없어 보였다. 그저 기 싸움을 하는 중이었다. 나는 고개를 이리저리 돌리며 녀석들을 번갈아 바라봤다. 그리고, 안타까운 얼굴로 말했다.

"얘들아, 지금 누구도 자기한테 있는 장난감을 주지 않겠다고 하고 있네. 그런데 그게 과연 좋은 걸까? 그러고 있으니까 기분이 좋아? 안 좋아? 혹시 생각을 좀 바꿔보는 게 어때? 예를 들어서 누군가가 먼저 장난감 하나를 줘보는 거지. 과연 누가 그렇게 해볼래?"

잠시의 침묵 후 라온이가 조금은 퉁명스러운 얼굴로 동생에게 탬버린을 내밀었다.

"우와! 라온이가 동생한테 주는 거야? 로운아, 형아가 이거 줬네."

"난 그거 안 가질 거야."

로운이는 형의 양보를 외면했다. 단단히 삐진 모양이었다. 게다가 녀석이 원하는 것은 그것이 아닌 파란색 꽃 모양 흡착판이었다. 라온이는 얼굴을 일그러뜨렸다. 어쨌거나 손에 들고 있던 것 하나를 주려고까지 했는데, 받아주지 않으니 속상할 만도 했다. 괘씸했을 것이다. 라온이에게 더 바라는 것은 무리였다. 이제는 로운이가 마음을 바꿔야만 했다. 녀석에게 그 말을 하려던 찰나였다.

"그럼 이거 가져."

이번에도 라온이였다. 동생이 원하는 것을 내밀면서. 나는 눈을 휘둥그레 떴을 뿐 아무 말도 못 했다. 마지막 남은 하나마저 양보하다니! 그런데도 라온이의 표정은 덤덤하기만 했다. 로운이는 드디어 손을 뻗어서 받아줬다. 그제야 나도 입이 떨어졌다.

"세상에! 로운아, 형아가 이거를 준 거잖아. 그럼 로운이는 이제 어떻게 할 거야?"

"형아, 이거 가져."

로운이 손에 있던 연두색 기차가 원래 주인에게로 갔다. 원하던 것을 각각 손에 쥔 형제는 서로를 보며 활짝 웃었다.

"우와, 우리 아들들 역시 현명하고 멋지다. 먼저 양보를 한 라온이도 멋졌고, 형아를 따라서 양보를 한 로운이도 멋졌고. 봐봐. 지금 두 사람 기분이 어때?"

"좋아!"

몇 시간 전 지인과의 점심 식사 때 생겼던 의문이 드디어 풀렸다. 라온이가 동생에게 양보를 잘하게 된 비결을 깨달았다. 많은 부모가 흔히 하는 말을 하지 않기. 나는 지금껏 단 한 번도 "형아니까 양보하자.", "형아니까 참자."라는 말을 해본 적이 없다. 그저 첫째라는 이유만으로 일방적인 희생을 강요하는 것만 같아서다. 첫째 처지에서 보면 이해할 만한 얘기가 아니다. 아마도 나의 언니들은 자라는 동안 그 말을 셀 수 없이 들었으리라. 막내로서 왠지 언니들에게 미안하기까지 하다.

라온이와 로운이가 서로 얼굴을 붉힐 때마다 나는 서열을 내세워 해결하지 않았다. 대신 둘 다 행복하려면 어떻게 하는 게 좋을지 생각하라고 했다. 양보가 좋은 방법이 될 수 있다고도 덧붙였다. 라온이는 내 말을 이해 못 했었지만, 여섯 살이 되어서야 비로소 깨달았다. 욕심만 부리다가는 둘 다 즐겁지 않으리라는 것을. 그렇게 시작된 것이다. 멋진 형의 '현명한 양보'가.

-¦-

영원한 이별 후에도

2018년 12월, 출판사로부터 나의 책 《비가 와도 꽃은 피듯이》를 처음 받았다. 편집자가 꼼꼼하게 포장해서 보낸 상자를 조심스레 뜯어보니 낯익은 표지가 보였다. 컴퓨터에서 그림 파일로만 보던 것이 책이 되어 내 눈앞에 나타난 것이다. '실물이 훨씬 낫다'라는 말이 바로 이럴 때를 위해 있는 말이었다. 소중한 보물을 다루듯 두 손으로 꺼내 들어 소파에 조심히 세워 놓았다.

소파 등받이에 살며시 기대선 책을 물끄러미 바라보다 눈시울이 뜨거워졌다. 출간을 '출산'에 버금가는 일이라고 들 한다. 하지만, 나는 그 출산의 감격 때문에 찡했던 게 아니다. 더군다나 실제로 아이를 출산했을 때도 눈물은커녕 환한 미소를 건네며 인사했던 나다. 갓 태어난 라온이에게는 "반가워, 축복아.", 로운이에게는 "반가워, 행복아." 하면서.

책 표지 속 남자의 뒷모습이 애잔했다. 꽃송이가 흩날리는 빗길에서 우산을 들고 누군가를 기다리고 있는 중년의 남자. 우리네 아빠들의 모습이었다. 나는 속삭이듯 말했다.

"아빠, 드디어 책이 나왔네. 참 예쁘지? 너무 좋다. 아빠도 그렇지? 내일 아빠한테 갖고 갈게. 내일 봐, 아빠."

라온이와 로운이가 다가와 내게 눈을 맞췄다. 엄마의 눈가에 맺힌 눈물을 살피는 녀석들의 얼굴에 호기심이 담겼다. 2퍼센트가량의 걱정과 함께.

"엄마, 왜? 엄마, 왜?"

"응, 할아버지가 많이 보고 싶어서."

"할아버지 어디에 있는데?"

"하늘나라에."

"그럼 할아버지 오라고 하면 되잖아."

그럴 수만 있다면 얼마나 좋을까……. 단 한 번만이라도. 할아버지는 돌아가신 분이라 그럴 수 없다고 하니 녀석들은 질문을 쏟아냈다. 왜 돌아가신 건지, 왜 올 수 없는 건지……. 마냥 해맑은 이 꼬마들에게 죽음에 대해서 어찌 말하면 좋을지 난감했다.

그때 지구본이 눈에 들어왔다. 나의 작은 언니인 노신임 작가가 조카들이 넓은 세상을 품을 수 있는 꿈을 꾸길 바라며 선물한 것이다. 덕분에 아이들에게 여러 가지를 알려주는 게 수월했다. 우리가 지구에 살고 있고, 대한민국이 어디이고, 주변에 어떤 나라가 있고, 이순신 장군은 어느 바다에서 싸웠고, 얼마 전 갔었던 제주도는 어디에 있고, 북극곰은 어디에 살고 있는지…….

작은 언니에게 새삼 고마웠다. 얘기를 어떻게 풀어나갈지 막막했는데, 실마리가 잡혔다. 나는 지구본을 들고 왔다. 그리고 다섯 살, 세 살배기에게 눈높이를 맞췄다.

"얘들아, 우리는 지금 이 지구에 살고 있잖아. 그런데 할아버지는 돌아가셨기 때문에 하늘나라에서만 사셔야 해. 지구에 사는 사람들과 하늘나라에 사는 사람들은 서로 만날 수 없어. 하지만 할아버지는 하늘나라에서 늘 우리를 보고 계신단다. 지금도 이렇게 할아버지 얘기하는 거 다 듣고 계시지. 그러니까 인사드리자. '할아버지, 안녕하세요. 엄마 책이 나왔어요.'라고 하자."

아이들은 명랑한 목소리로, 조금은 장난스럽게 인사했다. 한 번도 만나 뵌 적 없는 할아버지에게. 과연 죽음에 대해 얼마만큼 이해했을까? 일단은 여전히 밝게 웃는 모습을 보니 내 의도는 전해진 것 같았다. 내가 알려주고 싶었던 것은 '영원한 이별의 슬픔'이 아닌 '늘 함께한다는 포근함'이었다. 나의 아빠가 그랬던 것처럼, 나도 언젠가는 자식들을 영영 떠나는 순간이 올 것이다. 그때 라온이와 로운이가 지금의 이야기를 기억해주면 좋겠다. 나는 녀석들에게 예방주사를 한 대 놓아준 것이다. 내가 없어도 너무 슬퍼하지 않도록.

다음 날, 책을 들고 아빠가 계신 추모 공원에 갔다. 라온이는 전과 달리 유골함을 뚫어져라 쳐다보기도 하고, 뭔가를 찾는 듯 주위를 이리저리 둘러봤다.

"엄마, 할아버지가 지금도 우리를 보고 계셔?"

"물론이지."

로운이는 우리의 대화를 잠자코 듣기만 했다. 평소와 달랐다. 형의 뒤를 이어 이것저것을 물어봐야 녀석다운데 말이다. 알고 보니 생각의 정리가 필요했던 게다. 녀석은 그날 밤 잠자리에 누워서야 내게 물었다.

"엄마, 할아버지는 우리 집에 언제 와?"

"할아버지는 지금 하늘나라에 계셔서 우리 집에 못 오셔."

"왜 우리 집에 못 오셔?"

"하늘나라 사람들은 지구에는 올 수 없거든. 대신에 하늘나라에서 우리를 보고 계셔."

"왜 하늘나라에서 우리를 보고 계셔?"

"지구에 있는 가족들이 잘 지내고 있는지 궁금해서 보시는 거지."

"왜 지구에 있는 가족들이 잘 지내고 있는지 궁금해?"

"사랑하니까. 그리고…… 만약 할아버지께서 지구에서 살고 계셨다면 언제든지 우리랑 통화도 하고, 얼굴도 보고, 손도 잡으셨을 거야. 그러면서 우리가 잘 지내는지 아실 수 있을 텐데, 하늘나라에 계시니까 그런 걸 못하잖아. 그래서 매일 우리를 지켜보시는 거지."

"아아, 그렇구나. 알겠어."

신기한 것이 있다. 돌아가신 아빠에 관해 얘기할 때면 어김없이 눈물이 차오르고 코끝이 시큰거리는 나다. 그런데, 라온이와 로운이에게 할아버지 얘기를 들려줄 때만큼은 눈물은커녕 내내 미소를 머금었다. 애써 노력하지 않아도 말이다. 동심이 품고 있는 힘이리라. 꾸밈없이 맑고 순수한 존재는 곁에 있는 것만으로도 큰일을 해낸다. 아이들의 맑은 목소리, 맑은 표정, 맑은 생각들은 나를 감싸주었고, 슬픔으로부터 보호막이 되어 주었다.

나는 때때로 아이들에게 할아버지의 얘기를 들려주곤 했다. 어린 나와 아빠의 추억, 아빠가 좋아하셨던 음식, 아빠의 애창곡……. 라온이와 로운이는 그때마다 귀를 쫑긋 세우고 천진난만한 얼굴로 이야기에 쏙 빠져들었다.

그러던 어느 날이었다. 로운이를 낮잠 재우고 거실로 나왔을 때, 라온이는 블록 놀이를 하고 있었다. 열심히 뭔가를 만들던 녀석이 내게 말했다.

"엄마, 할아버지 보고 싶지? 내가 보게 해줄게."

"그래? 정말?"

귀가 솔깃했다. 새해를 맞아 여섯 살이 된 아이의 말에 기대감마저 품었다. 녀석은 진지하면서도 자신 있는 말투로 답했다.

"응, 내가 이 마법 블록으로 할아버지 오게 할 거니까 하늘을 좀 봐봐. 짠! 저기 할아버지 보이지?"

"우와! 아빠다! 아빠, 안녕. 반가워. 라온아, 할아버지께 인사드리자."

나는 흥분한 목소리로 외쳤다. 창문 밖 하늘을 향해 빠르게 손을 흔들면서. 라온이도 큰 목소리로 인사했다. 녀석의 눈에는 보였을까? 사진으로만 봤던 분의 실제 모습이.

"엄마, 이번에는 할아버지가 우리 집 소파에 오게 할게. 짠! 봐봐. 왔지?"

"우와! 할아버지께서 먼 길 오시느라 다리 아프셨겠다. 라온이가 좀 주물러 드릴래?"

꼬마 마법사는 할아버지의 다리를 열심히 주물렀다. 마치 팬터마임 배우처럼. 그러고는 책상으로 걸어가서 색연필을 쥐었다.

"할아버지, 이쪽으로 와. 우리 이제 그림 그리자."

그림들을 하나씩 할아버지에게 설명해주며 한껏 신난 라온이. 그 모습을 가만히 바라보고 있자니 착각마저 들었다. 정말로 아빠가 손자 곁에서 흐뭇하게 웃고 있는 것만 같은. 나는 시큰거리는 코를 매만지고 눈가에 맺힌 눈물을 티 나지 않게 닦았다. 동심의 위로가 내 눈가를 적셨다. 슬픔이 아닌 감격에 겨운 눈물이었다. 2019년 1월의 그날은 창밖의 한겨울 바람이 유난히도 세찼다. 하지만 나는 갓 나온 코코아가 담긴 컵을 두 손으로 감싸고 향기를 음미한 것 같았다. 너무나 달콤하고 따뜻했다.

커서 무엇이 되고 싶어?

한 분야에서 명성을 크게 얻은 이들의 상당수는 어릴 때부터 그 길을 꿈꾸고 파고들었다던데……. 친정엄마는 '혹시 내 손자들도?'라는 생각을 하는 눈치다.

"할머니, 내가 멋진 거 만들었는데 보여줄까? 짜자잔!"

"할머니, 내가 뭐 그렸는지 보여줄까? 짜자잔!"

라온이와 로운이는 할머니가 놀러 오시면 자랑을 해댔다. 다섯 살, 세 살배기의 작품에 눈을 휘둥그레 뜨고 입을 크게 벌리는 할머니의 반응에 흡족해했다. 그러고는 곧바로 또 다른 작품 만들기에 들어갔다. 할머니가 그 곁으로 다가가서 구경하는데도 아랑곳하지 않고 집중했다. 친정엄마는 녀석들을 유심히 쳐다보다가 내게 진지하게 말했다.

"세상에! 아무래도 커서 화가가 되려나 보다."

"어마! 아무래도 커서 건축가가 되려나 보다."

눈에 넣어도 안 아픈 손자들의 멋진 미래를 머릿속에 그리는 행복은 상당하다. 친정엄마의 눈가에 웃음 주름이 물결쳤다. 나는 그 기대에 공감도, 부정도 하지 않고 살며시 미소만 지어 보였다.

한동안 녀석들은 아침에 일어나자마자 반쯤 감긴 눈으로 스케치북을 펼쳤다. 집에서 놀 수 있는 시간 대부분을 그림 그리기로 보냈다. 그림 하나를 완성하면 늘 내게 와서는 "엄마, 놀라지 마! 놀라지 마. 짜잔!" 하면서 보여주었다. 그랬던 녀석들이 어느 순간부터는 블록을 손에서 놓지 않았다. 끼우고, 빼고, 다시 끼우고……. 긴 시간 동안 고개를 숙인 탓에 목덜미가 저려서인지 잠시 고개를 들어 천장을 바라보기도 했다. 그처럼 고통을 참아가며 그 조그만 블록들로 비행기, 로봇, 건물들을 만들어냈다. 며칠이 지나자, 관심 대상이 퍼즐로 바뀌었다. 둘은 퍼즐 조각 맞추기에 빠져서 시간 가는 줄도 몰랐다. 누가 먼저 완성하는지 서로 내기하거나, 300조각으로 된 퍼즐은 머리를 맞대고 힘을 합쳐 맞추기도 했다. 그로부터 며칠 후, 두 꼬마의 사랑을 독차지했던 퍼즐은 그 자리를 다른 장난감에게 내주었다. 하지만 얼마 후 또 다른 놀거리가 그 자리를 차지했다.

아이들이 무언가를 좋아하는 마음은 가을바람 앞의 갈대와 같았다. 그래도 무엇이든 관심을 보이고 좋아하니 얼마나 다행인가! 나는 그 모습을 보는 것 자체가 즐거울뿐 어떠한 기대감도 품지 않는다.

라온이와 로운이가 커서 무엇이 될지는 아무도 모른다. 본인들조차도. 하지만 녀석들은 매일 그 지점으로 향하는 걸음을 뗀다. 미로의 끝을 향하는 과정과 같다. 지금 선 자리에서는 보이지 않는 곳을 향해 가는 것이다. 걷다 보면 갈래 길 앞에서 어디로 갈지 고민하고, 막다른 곳이 나오면 왔던 길을 되돌아가는 순간도 온다. 크고 작은 장애물들을 넘는 일도 다반사다. 내 아이들이 그 과정들을 겪는 동안 나는 무엇을 할까? 옆에서 지켜봐주려 한다.

아주 최소한의 도움은 줄 수 있겠다. 아이가 한 치 앞도 보이지 않는 어둠 속에 있을 때 촛불을 켜주는 것 같은 일 말이다. 그 정도만 해야지 내가 녀석의 손을 잡아서 목적지에 데려가면 안 된다. 자칫하면 내가 이끄는 길이 '내 아이의 도착점이기를 바라는 곳'일 수 있으니까. 더군다나 내 손에 끌려 도착한 곳이라면 아이들은 그 의미와 소중함을 모른다. 나는 이런 일을 경계하고자 노력했다. 따라서 아이의 미래에 대해 섣부른 기대나 판단을 하지 않는다. 아이들에게 "커서 무엇이 되고 싶어?"라고 묻지 않는 것도 그 이유다.

하지만 이 질문은 내가 하지 않더라도 언제든지 접할 수 있다. 라온이도 다섯 살이 되었을 때, 처음으로 유치원에서 그 질문을 받았다. 녀석은 머리에 고깔모자를 쓴 채 그달의 생일잔치 주인공들과 나란히 섰다. 친구들이 손뼉 치며 불러준 노래가 끝나고, 주인공들은 케이크 위에서 한들거리는 촛불을 향해 한껏 입김을 불었다. 곧이어 선생님이 한 명 한 명에게 다정하게 물었다.

"이다음에 커서 무엇이 되고 싶어요?"

저마다 진지한(?) 고민 끝에 답했다. 경찰관, 선생님, 공주……. 선생님은 힘차게 손뼉치며 응원해주었다. 그런데, 마지막 차례였던 라온이의 대답을 들었을 때는 확인 차 다시 물었다. 라온이가 더 큰 목소리로 또박또박 말했을 때 비로소 활짝 웃으며 손뼉을 쳐주었다.

선생님이 전화로 얘기를 전해주었을 때, 나는 "우와!" 하며 감탄했다. 아마도 녀석은 어렸을 때부터 나와 율동까지 곁들이며 즐겨 부르던 동요를 떠올렸던 모양이다.

깊은 산속 옹달샘 누가 와서 먹나요
맑고 맑은 옹달샘 누가 와서 먹나요
새벽에 토끼가 눈 비비고 일어나
세수하러 왔다가 물만 먹고 가지요

라온이는 '깊은 산속 옹달샘'이 되고 싶다고 했단다. 노랫말을 봐서는 '토끼'라고 했어야 어색하지 않았을 텐데……. 그래서 더 사랑스럽다. 아이의 이와 같은 순수한 엉뚱함이 참 좋다.

사과를 맛있게 먹고 있는 녀석을 내 무릎에 앉히고 다정하게 물었다. 왜 '깊은 산속 옹달샘'이 되고 싶은지를. 하지만 대답 대신 수줍음과 장난기가 뒤섞인 오묘한 미소가 돌아왔다. 나는 더 묻지 않고 녀석을 꼭 안아주었다. 이유가 무엇이든, 마냥 기특했다. 다섯 살이 되어 처음 접한 질문에 침착하게 답했으니까. 장래희망으로 동요를 인용한 것도 참신할 따름이다.

그로부터 1년이 지났다. 또 한 번의 생일잔치가 끝난 후, 선생님은 라온이의 장래희망을 내게 전해주었다. 같은 반 친구는 라온이의 대답이 계속 마음에 걸렸던 모양이다. 그날 놀이터에서 나를 만났을 때, 인사를 하자마자 조심스레 물었다.

"그런데요…… 공주는 여자만 되는 거잖아요. 그런데 라온이는 이다음에 커서 공주가 되고 싶다고 했어요. 라온이는 남잔데."

도무지 이해가 안 간다는 표정으로 나를 바라보는 꼬마 숙녀. 여섯 살에게는 몹시도 혼란스러운 문제일 거다. 나는 잔잔한 미소를 지어 보였다.

"그랬구나. 혹시 그거 아니? 라온이는 다섯 살 때는 '깊은 산속 옹달샘'이 되고 싶다고 했었어. 여섯 살 때는 '공주'라고 한 거고. 되고 싶어 하는 것이 바뀌었네. 다음에는 또 달라질 거야. 그래도 이번에는 사람이 될 수 있는 거로 말했구나. 아마 일곱 살에는 라온이가 정말 될 수 있는 것 중에서 말하지 않을까? 그러니까 아까 유치원에서 라온이가 했던 말은 너무 신경 쓰지 않아도 될 거야. 참! 이모도 어렸을 때를 생각하면, 커서 되고 싶어 한 것이 계속 바뀌었었어."

어린 시절의 나는 선생님, 현모양처, 변호사, 외교관이 되고 싶었다. 사실, 몇 가지가 더 있지만 잘 기억나지 않는다. 그중 '작가'는 분명히 없었다. 그런데 이렇게 글을 쓰고 있다니! 부모님께 감사하다. 나의 수많은 장래희망을 들어주는 것까지만 했을 뿐, 어느 한 길로 이끌어주지 않았으니까. 덕분에 나는 이런저런 길을 돌아다닌 끝에 현재에 이르렀다. 스스로 찾아낸 길이기에 잘 알고 있다. 글쓰기가 내게 어떤 의미인지를.

-¦-

익숙함의 함정

한때 라온이와 로운이는 책을 읽어달라며 귀찮을 정도로 졸라댔다. 약속했던 권수에 만족하지 않고 늘 "한 권 만 더!"를 외쳤다. 하지만 시간이 흐를수록 흥미를 잃어가더니, 하루 한 권을 읽는 데 그쳤고, 그마저도 전처럼 호응하지 않았다. 내 아이가 책을 벗 삼기를 바랐건만……. 아쉽기는 했지만 애써 책 앞에 데려다 놓지는 않았다. 일단 지켜보기로 했다. 아이들의 관심사는 언제든 바뀌니까.

얼마 후, 녀석들이 한 번에 두세 권을 품에 안고 와서는 전처럼 조르기 시작했다. 내 친구의 아이가 읽던 세계명작동화 전집이었다. 알고 보니 그동안은 집에 있던 책에 싫증이 났던 것이다. 셀 수 없이 읽어서 어떤 책은 종이가 너덜너덜해졌을 정도니까. 아무리 진했던 흥미로움도 낯숾을 벗어나 익숙함으로 접어들면 점차 옅어지게 마련이다. 그러니 적절한 때에 새로운 자극이 필요하다. 라온이, 로운이처럼 호기심이 많은 아이에게는 더더욱.

새로이 관심을 보이기 시작한 책들은 일곱 살, 다섯 살에게는 글자 수가 많았다. 이해하기 힘든 내용도 종종 있었다. 꼬마 형제는 그때마다 그냥 넘기지 않았다. 나는 두 녀석 모두가 고개를 끄덕일 때까지 설명해주어야만 했다. 책 한 권의 마지막 장을 덮기까지 이십 분이 넘기 일쑤였지만, 녀석들은 흐트러지지 않았다. 좋아하는 것을 향한 그 집중력은 볼 때마다 놀랍고, 흐뭇하다. 내 입과 목의 고생스러움을 잊을 만큼.

어른이 되어 세계명작동화를 다시 읽으니 느낌이 새로웠다. '명작'이라는 이름에 걸맞은 작품은 여전히 매력적이었다. 긴 세월이 지나도 사랑받는 데는 역시 이유가 있었다. 그런데, 어떤 책에 대해서는 '왜 명작인 거지?'라며 고개를 갸웃했다. 아마도 어린 시절의 나는 그런 생각 없이 그저 푹 빠졌을 것이다. 지금 내 무릎에 앉은 두 꼬마처럼. 녀석들은 저마다의 눈높이에서 책을 받아들이고, 느끼고, 생각하고, 상상의 날개를 펼친다. 그걸 방해하고 싶지 않다. 따라서 나는 책에 대한 내 생각을 말해주지 않는 편이다.

그런데, 그날은 대화를 나눠보고 싶은 한 가지가 있었다. 전에 읽었던 책에서는 경험 못 했던 부분에 대해. 그동안 우리 집 책장에 있었던 그림책들은 창작동화였는데, 각각마다 그 내용이나 구성이 그야말로 다양했다. 하지만 세계명작동화에서는 비슷하거나, 아예 같은 대목이 여러 책에서 나왔다.

"얘들아, 이렇게 왕자가 처음 만난 사람에게 결혼하자고 하잖아. 얼굴만 보고 아름답다면서. 이런 거 자주 나오지? 아까 읽었던 책에서도 그랬고, 어제 읽었던 책에서도 그랬고. 이거 어떤 거 같아?"

라온이와 로운이는 멀뚱멀뚱 쳐다보기만 했다. '생각을 해봐야 하는 문제인가?'라는 얼굴로. 녀석들은 벌써 사흘째 세계명작동화만 읽는 중이고, 마음에 드는 책은 거듭 읽고 있다. 따라서 내가 말했던 대목을 반복해서 접했다. 그런데도 둘은 별다른 생각 없이 넘긴 것이다. 혹시 녀석들의 머릿속에 서서히 스며들어 '익숙함'의 자리로 간 것일까?

사람들은 무언가에 익숙해지면 흥미를 잃기도 하지만, 한편으로는 편안함을 느끼기도 한다. 따라서 자칫 '익숙함의 함정'에 빠질 수 있다. 익숙해져 버린 것을 당연시하고, 심지어 좋은 것으로 여기는 것 말이다. 내 경험을 들자면, 나는 '칭찬은 많은 사람 앞에서 해야 한다.'라는 말을 이런저런 경로로 자주 들었었다. 각종 매체, 강의, 회사 사람과의 대화 등에서. 들을 때마다 고개를 끄덕였다. 그러던 어느 날, 문득 잠시 멈춰서 그 말에 대해 요모조모 생각해봤다. 왜 생긴 말인지, 어떤 경우에 쓰이는지, 누가 좋아할지, 혹시 이 말 때문에 누군가는 속상해하지는 않을지……. 생각의 굴을 점점 더 깊이 파고들면서 깨닫게 됐다. 칭찬이 마냥 옳고, 좋기만 한 말이 아닐 수 있음을.

그를 계기로 또 다른 익숙한 것에 대해 생각하기 시작했다. '왜 그런 거지?', '과연 이게 괜찮은가?'…… 그리고 깨달았다. 지난 시간 동안 내가 '익숙함의 함정'에 빠졌었음을. 이제 나는 익숙한 것에 대해 짚어보는 걸 습관처럼 한다.

이는 라온이와 로운이에게도 필요한 습관이다. 녀석들은 눈처럼 희고 순수한 마음으로 온갖 것을 스펀지처럼 흡수한다. 따라서 반복해서 접하는 것을 무심코 좋은 것으로 받아들일 가능성이 크다. 그 속에 유익함과 해로움, 옳은 것과 그른 것이 뒤섞여 있음을 알아채지 못한 채. 그렇다고 부모나 어른이 일일이 살피고 걸러줄 수는 없다. 스스로 거름망을 갖추어야 한다. 반복적인 것에 대해 잠시 멈추고 이런저런 생각을 해보는 습관을.

내가 세계명작동화 속 결혼 과정에 관해 물은 것은 그 연습 차원이었다. 자주 봐왔던 것을 그냥 넘기지 않고 그 지점에 머물러 생각하기를 바라면서. 하지만 녀석들은 아무 답도 못 했다. 하긴, 결혼에 관한 관심이나 이해가 없으니……. 나는 다른 생각거리를 주었다.

"얘들아, 엄마는 아빠의 어떤 점을 보고 결혼했게?"

둘은 여전히 나를 쳐다보기만 했다. 하지만 아까와는 달리 두 눈을 크게 뜨고 반짝였다.

"너희 아빠는 마음이 멋있지. 그래서 엄마가 결혼한 거야. 너희들도 알지? 아빠가 엄청 자상한 거. 결혼하기 전부터 엄마를 아끼고 잘 챙겨줬거든."

"그래서 아빠가 옛날에 엄마 카디건도 찾아줬었잖아."

라온이의 말이다. 전에 내가 들려줬던 얘기를 떠올린 것이다.

연애 시절, 친구들과 나들이를 하러 갔을 때였다. 지하철역을 나와서 공원 입구까지 이십 분 남짓 걸었다. 한여름의 찌는 더위에 다들 기진맥진해 있었다. 나는 가방에서 물을 꺼내려다 카디건이 없어진 걸 알아챘다. 가방끈에 살짝 묶어 놓았었는데……. 당시 남자친구였던 남편이 "내가 가서 한 번 찾아볼게." 하더니 즉시 오던 길로 걸어갔다. 말릴 겨를도 없었다. 모두들 별 기대 없이 기다렸다. 한참 만에 그가 돌아왔다. 환하게 웃으면서, 한 손에 내 옷을 들고서.

사실, 이 얘기는 라온이와 로운이가 아끼던 장난감이 없어져서 시무룩해했을 때 들려줬던 것이다. '찾기 대장' 아빠가 퇴근하면 반드시 찾아줄 거라며. 남편의 자상한 면모를 전하기 위함이 아니었다. 하지만 일곱 살 라온이가 아빠의 자상함과 연결 지어 기억 속에서 끄집어냈다. 생각의 폭과 깊이가 달라진 것을 보며 녀석이 많이 자랐음을 느꼈다.

"그래, 맞아. 아빠가 그때 얼마나 멋있었다고. 아빠는 그렇게 자상한 분이셔. 그게 참 좋아. 라온이도 유치원 친구 중에 ○○이 좋아하잖아. 엄마가 가끔 그 친구가 왜 좋은지 물어보지? 궁금해서 그런 거야. 과연 라온이는 친구의 어떤 면을 보고 좋아하는지가."

라온이는 그 친구가 왜 좋은지 얘기해주었다. 전에는 그저 웃을 뿐이었는데…….

'익숙함의 함정'에 빠지지 않기 위한 첫 연습은 거기까지였다. 걸음마 수준의 맛보기였고, 계획했던 방향과는 거리가 있는 얘기가 오갔다. 그래도 반복되는 부분에서 일단 멈췄다는 것에 의미를 두고 싶다. 다행히 그 대화의 효과가 나타났다.

"엄마, 이 책은 공주가 마법에 걸려서 백조가 됐네? 저건 왕자가 백조가 됐는데……."

"이 병정도 원래는 왕자였는데 마법에 걸렸던 거네."

드디어, 두 꼬마도 반복을 무심코 넘기지 않는 눈을 살며시 뜬 것이다.

앞으로는 더 커진 눈동자로 동화 외에 다른 것들에 대해서도 보게 되고, 다양한 '물음'을 던지면서 파고들겠지. 그렇게 되면 내가 조금 피곤해질 수는 있겠다. 녀석들이 전에는 아무렇지 않게 넘겼던 일에 대해 자꾸만 멈춤 버튼을 누를 테니까. 하지만 기꺼운 마음으로 받아들이고자 한다. 즐겨봄 직도 하다. 아이들 덕에 나도 '익숙함의 함정'에서 빠져나오는 연습을 한다고 여기며.

미끼와 으름장

"엄마, 나 이거 사줄 수 있어?"

로운이가 나를 보자마자 달려와 안기더니 한 말이다. 네 살배기의 애교 섞인 말투와 표정은 보는 이를 살살 녹인다. 내가 급한 일 때문에 조용한 곳에서 통화하는 동안 할머니와 백화점을 둘러보다가 뭔가가 마음에 든 모양이다.

"뭔데?"

"한 번 나를 따라와 봐."

종종거리며 뛰다시피 앞서가는 뒷모습에서 들뜬 기분이 흩날렸다. 하지만 나는 장난감을 사주지 않을 작정이었다. 그날은 친정엄마를 만나서 식사를 하고, 한여름 더위도 피할 겸 백화점에 갔던 것뿐이니까. 그런데도 처음부터 안 된다고 말하지 않은 이유가 있다. 내게 "사줄 수 있어?" 라고 했기 때문이다. "사줘."가 아니라. 그처럼 조심스레 의견을 물어보는 것은 나에 대한 존중과 배려다. 그러니 나도 그리 대해야 마땅하지 않겠는가! 얘기를 끝까지 들어보지도 않고 다짜고짜 거절부터 하는 것은 녀석을 무시하는 처사다.

로운이가 에스컬레이터 옆의 빈 공간에 멈춰 서서 나를 기다렸다. 다가가 보니 동전을 넣고 손잡이를 돌리면 장난감이 나오는 기기들이 나란히 있었다.

"이거 말했던 거구나. 로운아, 우리 엊그제 마트에서 비슷한 거 샀었잖아. 그러니까 오늘은 사주지 않을 거야. 대신, 구경은 실컷 해도 돼."

"알겠어."

실망의 기색이 전혀 없었다. 녀석은 눈을 반짝이며 기기들을 하나씩 찬찬히 살펴봤다. 여섯 대 모두를 그야말로 실컷 구경했다. 그러고는 7층으로 가자며 내 손을 끌었다. 우리는 장난감 판매장에 도착했다. 전에 할머니가 자동차 변신 로봇을 사줬던 곳이다. 본격적인 구경에 앞서, 나는 내 뜻을 미리 전했다. 아주 부드럽고 다정하게.

"로운아, 우리 오늘은 장난감 사러 백화점에 온 게 아닌 거 알지? 그러니까 구경만 하자. 할머니도 안 사주실 거야."

"으응, 알겠어."

로운이는 걱정하지 말라는 듯 상냥하면서도 느긋한 말투로 답했다. 그러더니 내 손을 잡지 않은 다른 손으로 장난감을 가리키며 무엇인지 물었다. 내가 설명을 다 해주면 고개를 끄덕이며 한 걸음 옆으로 옮겼다. 진열대에 놓인 물건들을 그런 식으로 차례대로 물어봤다. 마침내 녀석의 눈높이에서 보이는 장난감들은 모두 살펴봤고, 우리는 처음 자리로 돌아왔다. 첫 번째로 구경했던 빨간 자동차 앞으로. 아무 말 없이 눈앞의 장난감을 한참 동안 쳐다보던 로운이가 천천히 말했다.

"엄마…… 나…… 저거 갖고 싶다."

내게 물어보는 순간조차도 장난감에서 눈을 떼지 못했다. 나는 그제야 눈치챘다. 아마도 할머니와 둘이 돌아다녔을 때 봐 둔 것이리라. 나를 7층으로 이끈 것도 한 번 더 보기 위해서고. 녀석의 앙큼한 속셈에 피식 웃음이 났다. 하지만 그저 재미있어할 수만은 없었다. 네 살 꼬마가 얼마나 고민했을까? 약속대로 구경만 하려 했는데 갖고 싶은 마음이 도저히 사그라지지 않으니 말이다. 욕심내지 않으려던 노력은 기특하지만 사줄 수는 없는 노릇이었다.

"우리 로운이가 저게 엄청 마음에 들었나 보다. 그런데 오늘은 장난감을 사러 온 게 아니잖아. 그래도 구경은 실컷 했으니까, 그것에 만족하자."

"아니이이……, 그래도오오……."

"이제 형아가 유치원에서 올 시간이 되어가니까 집으로 가야 해."

"아아아……! 아아아……!"

잡은 내 손을 슬쩍슬쩍 흔들어대는 로운이. 그날의 외출 내내 보여주었던 의젓함은 잊고 떼쓰는 꼬마가 되고자 시동을 걸었다. 곧 자리를 떠야 한다는 사실에 다급해진 모양이다. 하지만 흔들림 없는 엄마의 반응에 얼굴을 일그러뜨리며 울상이 되었다. 친정엄마가 "저게 얼만데?" 하며 끼어들었다가 내가 눈짓을 주니 바로 멈췄다. 아주 잠깐 나섰던 할머니의 행동이 손자를 자극하고 말았다. 녀석은 꾹 참았던 말을 내뱉었다.

"엄마, 나 저거 사줘!"

차분하게 거듭 내 뜻을 전했지만, 로운이는 고개를 흔들 뿐이었다. 실랑이할 시간이 없었다. 라온이 유치원 버스가 집 앞에 도착하는 시간에 맞춰서 가려면. 장난감을 사주기 전까지는 한 발자국도 안 움직일 태세의 꼬마를 어쩌면 좋을까?

부모는 자주 고민에 빠진다. 아이가 원하는 것을 모두 들어줄 수는 없으니까. 아이를 설득할 때 흔히 쓰는 두 가지 방법이 있다.

하나는 '미끼 던지기'다. 아이가 좋아할 만한 무언가로 마음을 움직이는 것이다. "지금 집에 가면 과자 사줄게.", "말 잘 들으면 장난감 사줄게."……. 아이가 웃으면서 부모의 말을 따른다는 장점이 있다. 하지만, 미끼에 익숙해지지 않도록 주의해야 한다. 시간이 갈수록 더욱 강력한(?) 미끼가 있어야 하는 문제가 생긴다. 자주 쓴 미끼는 어느 순간부터 아무 소용이 없게 되므로.

다른 하나는 '으름장 놓기'다. 말을 안 들으면 나쁜 일이 생길 수 있음을 일깨워주는 것이다. 그 상황을 피하려면 부모 말대로 할 수밖에. "장난감 정리 안 하면 다 버려 버릴 거야.", "자꾸 그러면 앞으로는 영상 안 보여줄 거야."……. 아이의 협조를 즉각적으로 끌어내는 데 제법 효과적인 방법이다. 하지만, 해맑던 아이의 얼굴에 두려움이나 짜증이 드리워진다. 부모 또한 자기 뜻대로 됐지만 유쾌하지 않다. 찜찜하기도 하고 후회스럽기도 해서.

많은 부모가 애용(?)하는 '미끼 던지기'와 '으름장 놓기'는 둘 다 가볍지 않은 문제점을 지니고 있다. 확실한 효과를 위해 미끼는 더욱 매력적이고, 으름장은 더욱 센 것이 쓰일 게 뻔하다. 그것에 지속해서 노출된 아이들은 과연 어떻게 될까?

나도 자식을 설득할 때 미끼와 으름장을 활용하는 엄마다. 하지만 나만의 기준이 있다. 장난감을 갖고 싶어 고집을 부리는 로운이에게 진지하게 말했다.

"로운아, 지금 이렇게 떼를 쓰면 엄마는 어떤 생각을 하는지 알아? '다음에 백화점에 오면 또 이렇겠지?' 하는 거야. 그렇게 되면 다음에는 로운이랑 백화점에 오지 않는 게 좋겠다고 생각할 거고. 엄마는 로운이랑 다음에도 백화점에 오고 싶어. 그러니까 오늘은 그냥 가면 좋겠어. 그럴 수 있을까?"

나의 미끼는 물질적인 것이 아니다. 내 말을 들었을 때 아이가 얻게 되는 기회나 긍정적인 상황이다. 나의 으름장은 '염려'라는 옷을 입고 있다. 엄마 말대로 하지 않았을 때의 불이익을 알려주는 것은 맞지만 안타까움과 걱정이 묻어있다. 내 방식의 핵심은 아이 스스로 행동의 결과를 머릿속에 그려보고, 판단할 기회를 주는 것이다. 어떻게 하는 것이 자신에게 더 유리할지를. 내 말을 듣고 생각에 잠겼던 로운이가 이윽고 입을 뗐다.

"그래. 집에 가자."

그날 우리는 기분 좋게 웃으며 손을 꼭 잡고 집으로 갔다. 아이를 설득할 때마다 다시금 깨닫곤 한다. 몸도, 머리도 너무나 작은 이 꼬마 요정들이 얼마나 큰 지혜를 지녔는지를.

-¦-

동심을 지켜라

"엄마, 요정은 진짜 있어?"

라온이의 물음이다. 밥을 먹다가 왜 갑자기 궁금해졌는지 모를 일이었다. 하지만 나름대로 고민의 시간을 가진 후 물어본 것일 거다. 특히나 지금처럼 뜬금없는 질문일수록 더욱 그러했다. 요정……. 라온이와 로운이에게는 친근한 존재다. 나는 녀석들을 설득해야 할 때면 요정을 활용했다. 잠을 자러 가기 싫다고 하거나, 손가락을 살짝 베여서 아프다고 칭얼대거나 하면 진지하면서도 확신에 찬 어조로 말했다.

"지금 꿈속의 요정이 안타까워하는 중이야. 로운이를 보고 싶은데 만날 수가 없어서. 꿈속의 요정은 잠을 자고 꿈을 꿔야지만 만날 수 있는 요정이란다. 로운이가 잠들면 같이 놀려고 이것저것 생각해놓고 기다리고 있지. 그러니까 어서 코 자자."

"아이코, 우리 라온이 많이 아팠겠네? 하지만 오늘 밤에 자고 일어나면 괜찮아질 거야. 꿈속의 요정이 치료해줄 거니까. 꿈속의 요정이 좋은 치료 방법을 준비해서 꿈동산에서 기다릴 거야. 그러니까 걱정하지 마."

요정 얘기를 해줄 때마다 아이들은 눈을 반짝이며 빠져들었다. 덕분에 수월하게 설득할 수 있었다. 하지만, 지금까지의 방법에 적신호가 켜졌다. 라온이에게서 의심의 기운이 풍겼다. 여섯 살이 된 후 찾아온 이 변화는 한편으로는 반가운 일이다. 그동안 믿어왔고, 익숙해했던 것을 다시 돌아보고 미심쩍은 바에 대해 의문을 품기 시작한 것이니까. 나는 흐뭇한 미소를 지은 뒤 능청스레 답했다.

"물론이지!"

"근데 왜 안 보여?"

날카로운 지적에 움찔했지만 나는 여전히 흔들림 없는 표정을 지어 보였다.

언젠가는 아이들에게 동화 같은 이야기가 아닌 진실을 알려주어야만 한다. 그 적당한 때가 과연 언제일지……. 참으로 어려운 문제다. 하지만 여섯 살은 아니라는 확신이 들었다. 너무 빠르지 않은가? 아직은 동심을 간직해야 할 나이다. 더군다나 바로 옆에는 네 살의 로운이까지 있었다. 자칫하면 두 동심이 흔들릴 수 있는 상황이었다. 대답을 신중히 해야 했다.

"음…… 좋은 질문이야. 요정은 왜 안 보이는 걸까?"

"몰라."

"음…… 아마도 일부러 투명한 상태로 있는 걸 거야. 눈에 띄면 붙잡힐지도 모르니까. 라온이는 안 그러겠지만, 어떤 사람들은 요정을 보면 신기하다고 확 붙잡아 버릴지도 몰라. 생각해봐. 만약 누가 라온이를 어디 가지 못하게 붙잡는다면 어떻겠어?"

"안 좋아."

"그래. 그렇지? 아마 요정도 그래서 안 보이는 걸 거야. 자유롭게 어디든 날아다니고 싶은데 누가 잡아버리면 그렇게 할 수 없으니까."

라온이의 사슴 같은 눈망울에 퍼져있던 의심의 안개가 걷히고 맑은 천진함이 드러났다.

"엄마, 요정이 지금 여기에 있어?"

"아마 그럴걸. 지금 여기 식탁 위에 앉아서 라온이가 밥을 집중해서 먹나 안 먹나 보고 있을지도 몰라. 우리 인사하자. 안녕, 요정아."

나는 허공에 대고 손을 흔들며 미소를 지었다.

"안녕, 요정아."

라온이도 내 시선이 머문 곳을 바라보며 따라 했다. 그러고는 보란 듯이 숟가락으로 밥을 수북하게 떠서 입에 넣었다. 음식을 씹으면서 요정의 생김새를 머릿속에 그려보는 듯했다. 녀석의 상상 속 요정은 어떤 모습일까? 자신과 같은 깜찍한 아이일 수도 있고, 엄마처럼 머리카락이 긴 어른일 수도 있겠다. 아니면, 알라딘의 램프 요정처럼 집채만 한 크기를 지녔을 수도……. 그 무엇이 되었건 상상하는 것 자체가 즐거움이다.

그날의 위기를 무사히 넘겼다. 아이들은 다시 요정의 존재를 온전히 믿었다. 그리고, 보이지 않는 그 친구가 해준 일들을 만끽했다. 낮잠을 자고 일어나서는 "엄마, 나 꿈속에서 요정이랑 미끄럼 탔다!" 하며 자랑하기도 하고, "우와, 꿈속의 요정이 진짜로 상처를 치료해주었네." 하며 신기해하기도 했다. 나는 매번 과장되게 호응해주었다. 나의 반응은 요정의 존재에 대한 녀석들의 믿음을 더 굳건하게 해주었다.

신비한 존재가 자신과 각별한 사이라는 것은 그 자체만으로도 가슴 설레는 일이다. 언젠가는 실제로 만날 수 있을 거라는 기대도 하게 된다. 이것이 양분이 되어 행복을 더욱 키워준다.

지금 아이들이 요정에 대해서 느끼는 감정을 나도 품었던 시절이 있다. 산타 할아버지에 대한 마음이 그랬다. 하지만 그 행복은 어느 순간 막을 내렸다. 이 세상 어디에도 그가 없음을 알아버렸기 때문이다. 훗날 라온이와 로운이도 요정에 대한 내 얘기가 모두 꾸며낸 것임을 알게 될 것이다. 결과를 뻔히 알고 있는 일이지만, 나는 하는 데까지 해보려 한다. 두 꼬마가 요정과의 추억(?)을 조금이라도 더 오래 쌓아 가길 바라면서.

이런 나의 노력은 녀석들이 어른이 되었을 때를 위한 일이기도 하다. 그때쯤 둘은 요정에 대한 진실을 이미 알고 있을 것이다. 하지만 여전히 '요정'이라는 단어를 종종 접할 것이다. 영화를 보거나, 어린 자식에게 그림책을 읽어줄 때나……. 그때마다 라온이와 로운이는 어떻게 반응할까? 부디 살며시 미소 짓기를 바란다. 자신의 동심을 지켜주기 위해 엄마가 공을 들였던 순간들을 추억하면서. 그리고, 어깨를 활짝 펴기를. 자신이 얼마나 사랑받는 존재였는지 다시금 깨달으면서.

좋은 엄마가 되기 위해서는 내가 하고픈 것은
참고 뒤로 미뤄야 하는 줄 알았다.
하지만 비로소 깨달았다.
나의 행복도 소중히 여기고 챙겨야 함을.
그것이 진정으로 아이를 잘 키우는 것임을.
그렇게 키운 행복은 고스란히 아이들에게 전해졌다.

소중한
나의 행복을
위하여

아이를 잘 키운다는 것

두 꼬마가 함성을 지르며 식탁으로 달려왔다. 나는 그 앞에 과자가 담긴 그릇을 놓았다.

"라온아, 로운아, 간식 먹는 동안 엄마가 《논어》 책 읽어줄까?"

"좋아!"

'엄마의 책 읽기'까지 곁들여진 과자 파티라니! 손뼉을 치는 녀석들을 보며 나도 함박웃음을 지었다. 신나기는 나도 마찬가지였다. 내가 좋아하는 책을 읽을 기회니까. 간식 앞에서 아이들의 마음은 넓어졌다. 굳이 자신이 원하는 책만을 고집하지 않았다.

나는 《논어》의 책장을 넘기며 며칠 전 밑줄 친 곳을 낭독했다. 사람을 아는 방법에 관한 구절이었다.

공자께서 말씀하셨다.

"그 사람이 하는 일(행동)을 보고, 왜 그렇게 하는지 관찰하고, 그가 어떤 것에 마음을 편하게 여기는지 자세히 살펴보라. 사람이 어떻게 자신의 됨됨이를 숨기겠는가? 사람이 어떻게 자신의 됨됨이를 숨기겠는가?"

-《논어》 중에서

"얘들아, 엄마는 무엇을 하는 사람이지?"

"글 쓰는 사람."

"그래. 엄마는 작가지? 그럼 엄마가 왜 글을 쓸까?"

"글 쓰는 게 좋아서."

다섯 살 라온이가 막힘없이 답하면, 세 살의 로운이는 메아리가 되었다.

"오호, 그래. 그럼 글 쓰는 걸 왜 좋아할까?"

"몰라, 엄마가 알려줘."

"정답은 없어. 자유롭게 생각을 말하면 되는 거야."

"아이 몰라. 엄마가 알려줘."

"혹시 로운이가 대답할 수 있을까? 엄마가 글 쓰는 걸 왜 좋아할까?"

로운이가 천진난만한 목소리로 경쾌하게 답했다.

"몰라."

"그렇구나. 그럼 엄마가 얘기해줄게. 우선 글을 쓰면 생각을 정리할 수 있어서 좋아. 그리고 엄마는 엄마의 글로 사람들을 돕고 싶거든. 그래서 쓰는 거야."

라온이가 씩 웃으며 과자를 한 움큼 집었다. 로운이도 형을 따라 했다.

"이제는 아빠에 대해서 말해 보자. 아빠는 뭐 하는 사람이지?"

"아침에 사과 깎아주는 사람."

예상 밖의 답이었지만 아이들 눈높이에서 보면 이해가 간다. 아침마다 남편이 "사과 먹을 사람?"이라고 하면 녀석들은 "나!" 하고 외치니까.

"아…… 그렇구나. 또 생각해볼까? 아빠는 무엇을 하는 사람이지?"

"샤워하는 사람."

이 또한 일상의 한 장면에서 비롯된 답이다. 남편은 아이들에게 다정하게 말한다. 퇴근했거나, 운동 후 현관문을 열고 막 들어오자마자 "아빠 씻고 나올게."라고.

"음……. 얘들아, 아빠는 왜 사과를 깎으실까?"

"배고파서."

"사과를 깎으면 아빠가 먼저 드셔? 아니면 라온이, 로운이 먼저 주셔?"

"라온이, 로운이 먼저."

"왜 그러실까?"

형이 머뭇거리는 틈을 타서 로운이가 냉큼 나섰다.

"예뻐서."

"그래, 맞아. 라온이랑 로운이를 예뻐하셔서, 사랑하셔서 그러는 거야."

남편은 아침에 눈 뜨면 제일 먼저 냉장고에서 과일을 꺼낸다. 냉기가 어느 정도 빠지면 투박한 솜씨로 손질해서 아침 놀이 중인 아이들 곁에 내민다. 퇴근 후에는 재빨리 샤워한 후 아이들과 쉼 없이 놀아준다. 때로는 지쳐서 앉아 있다가도 두 개구쟁이가 손을 잡아끌면 어김없이 일어난다. 잠자리에 들 시간이 다가오면 그림책을 읽어준다. 양반다리를 하고 앉아서 양쪽 다리에 두 아들을 각각 앉힌 채. 세상에 그처럼 따뜻하고 흐뭇한 광경이 또 있으랴! 나는 하던 일을 멈추고, 세 남자를 가만히 바라보곤 한다. '사랑한다.'라는 말이 오가지 않았는데도, 그들 사이에는 사랑의 온기가 넘쳐흘렀다.

자식을 우선시하고, 자상한 아빠로서의 면모는 아이들에게 제대로 전해졌다. 덕분에 녀석들은 아빠를 '아침에 사과 깎아주는 사람'이라고 선뜻 말하는 것이다. 그런데 나는 '글 쓰는 사람'이라니! '맛있는 요리를 해주는 사람'이나 '설거지하는 사람'이 아니고 말이다. 이는 내 노력의 결실이다. 아이들이 내가 엄마로서 최선을 다하는 걸 몰라줘서가 아니다. 나는 작가로서의 모습을 아이들에게 심어주려 했다. 그것은 하나의 질문에서 시작됐다.

"아이를 잘 키운다는 것은 어떤 것일까?"

친구들과 모임에서 한 친구에게 내가 물었다. 사실 그는 아이를 키워보지 않았다. 하지만 무언가에 대해 인상적인 정의를 종종 내리는 편이라서 물었던 게다. 은근히 기대하면서.

"그냥 뭐……. 아이가 행복하도록 키우는 것 아닐까?"

조금 실망스러웠다. 더군다나 그 대답에 또 다른 친구가 재빨리 문제를 제기했다. 두 아이를 키우는 엄마였다.

"그럼, 만약에 아이가 나쁜 짓 하고, 범죄를 저지르고 그런 것들이 행복하다고 한다면? 그렇게 하도록 두는 게 잘 키우는 거야?"

"으흠…… 그렇다면……. 아이도, 부모도 둘 다 행복한 거로."

그는 반론을 잠재우려 서둘러 대답을 바꿨다. 그 말에 나는 속으로 무릎을 쳤다. 그간의 내 행동을 돌아보고, 앞으로 어떻게 해야 할지 깨달았다.

당시 나는 첫 책의 원고를 집필 중이었다. 아이들을 꿈나라로 보내고 집안일을 마무리한 후 노트북을 켰다. 늦은 새벽에야 침대에 누웠지만, 아침에 늦잠을 잘 수도 없었다. 일찍 자고 일찍 일어나는 아이들 덕에 내 하루의 시작도 빨랐다. 하루에 짧게는 2시간, 길어야 5시간을 자는 나날이 계속됐다. 그래도 피곤하지 않았다. 글을 쓰는 게 마냥 좋았으니까. 하지만 안타까움도 있었다. 설거지를 하다가도, 빨래를 개다가도 원고에 담을 생각들이 수시로 떠올랐다. 그것들을 곧바로 기록해서 모두 붙잡고 싶었지만, 꾹 참고는 서둘러 집안일을 마치고 아이들에게 달려갔다. "엄마, 나랑 놀아줘." 하며 재촉하는 꼬마들에게로.

'아이를 잘 키우는 것'에 대한 친구의 답을 들은 다음 날부터 나는 달라졌다.

"라온이랑 로운이는 뭐를 할 때가 좋아?"

"자석 블록!"

"퍼즐!"

"그래. 블록이랑, 퍼즐 맞추기를 하고 싶은 마음이 들면 바로 해야 좋지? 엄마도 그런 게 있어. 엄마는 글 쓰는 걸 좋아하거든. 지금 너무너무 글을 쓰고 싶어. 머릿속에 좋은 생각이 떠올랐거든. 이거 까먹지 않도록 노트북에 기록해 놓아야 해. 그러니까 글 좀 쓸게."

라온이가 두 눈을 껌뻑이며 물었다.

"얼마나 걸리는데?"

"지금 긴 바늘이 1에 가 있지? 그게 8에 가면 끝날 거야. 집중하면 더 빨리 끝날 수도 있어. 끝나면 우리 신나게 놀자. 엄마가 집중할 수 있도록 도와줄 거지?"

"응, 엄마 지금 글 써."

나는 주방 식탁에 앉아서 노트북을 켰다. 꼬마 형제들은 거실에 퍼즐판을 내려놓더니 어깨를 맞대고 앉았다. 퍼즐 조각을 다 맞춘 뒤에는 스케치북을 펼치고 색연필을 잡았다. 각자 완성한 그림에 대한 설명을 주고받으면서 감탄하거나 키득거렸다.

약속했던 30분보다 5분 일찍 노트북을 덮을 수 있었다. 나는 곧바로 거실로 달려갔다. 인형으로 동산을 만들고 있는 두 천사를 안아주고 뽀뽀를 해주었다. 기다려줘서 고마웠다고, 덕분에 어마어마하게 멋진 글을 썼다면서. 녀석들은 "우와! 엄마 최고!" 하며 엄지를 치켜들었다. 그날 우리는 신나게 놀았다. 숨바꼭질, 줄다리기, 림보, 책 읽기를 하며.

작가 엄마를 위한 둘의 협조는 계속됐다. 출판사에 급히 넘겨줄 자료가 있는 날이었다.

"라온아, 로운아. 얼마 후면 엄마 책이 나올 거잖아. 그거 제목이 뭐라고 했지?"

"비가 와도 꽃은 피듯이!"

"그래 맞아. '비가 와도 꽃은 피듯이'와 관련해서 오늘까지 출판사에 보내야 할 자료가 있거든. 오늘은 글 쓰는 데 오랜 시간 집중을 해야 해서, 이따 아빠가 퇴근하시면 엄마는 외출할 거야. 조용한 카페에서 글을 쓰려고. 라온이랑 로운이는 아빠랑 재미있게 놀다가 잘 잘 수 있지?"

"응. 근데 엄마……."

라온이가 진지한 표정으로 말했다.

"'비가 와도 꽃은 피듯이' 글 다 쓰고 나면, 다음에는 이 글 써. '비가 와도 꽃은 피는데 원숭이는 원래 그렇다'."

"우와! 비가 와도 꽃은 피는데 원숭이는 원래 그렇다? 정말 멋진 제목이다."

로운이가 재빨리 나섰다.

"엄마, 다음에는 이 글 써. '원숭이는 원래 그런데 다른 것이 있다'."

"우와! 원숭이는 원래 그런데 다른 것이 있다? 그것도 정말 멋진 제목이다."

라온이가 내 팔을 붙잡고 말했다.

"엄마, 엄마. 그다음에는 이 글로 써. '멋진 눈사람 보는 토끼'."

"세상에! 어쩜 그리 멋진 제목을! 너무 좋다."

가만히 있을 로운이가 아니다.

"엄마, 엄마. 다음에는 이 글 써. '멋진 눈사람 만드는 소'."

"진짜? 로운아, 너무 환상적이다."

두 형제는 그 후로도 수시로 제목들을 말해주었다. '깻잎쌈 싸 먹는 소녀', '지구가 작아졌어요', '생각은 궁금하다'…….

아이들은 '글 쓰는 엄마'를 응원해주었다. 다음 책 제목 아이디어를 떠올릴 때도, 내 책의 표지 디자인에 대한 의견을 줄 때도 적극적으로 임했다. 그때마다 녀석들의 얼굴에서 나는 보았다. 도움을 받던 입장에서 주는 입장으로 바뀐 자의 만족과 행복을.

좋은 엄마가 되기 위해서는 내가 하고픈 것은 참고 뒤로 미뤄야 하는 줄 알았다. 하지만 비로소 깨달았다. '나의 행복'도 소중히 여기고 챙겨야 함을. 그것이 진정으로 아이를 잘 키우는 것임을. 그렇게 키운 행복은 고스란히 라온이와 로운이에게 전해졌다.

짜증을 다스리는 꽃

웬만해서는 아이의 현재를 보며 미래를 걱정하지 않는다. 시간이 해결해 주리라는 믿음이 있으니까. 실제로 그 믿음이 옳았던 경험이 많다. 하지만 김라온 어린이의 짜증은 느긋하게 볼 수 없었다. 시간이 갈수록 나아지기는커녕 심해져만 갔으니까.

라온이의 짜증은 타고난 예민함 때문이리라. 녀석은 산후조리원에서도 유명했다. 함께 지낸 열여섯 명의 신생아 중 유독 심하게 울어댔다. 다른 아기들은 배가 고프거나, 기저귀가 젖었거나 하면 일단 칭얼거리는 것을 시작으로 곧 울음을 터뜨릴 예정임을 알렸다. 하지만 라온이는 예고 없이 갑자기 악을 쓰며 울어댔다. 조리원 생활을 마치고 집으로 가는 날, 원장은 초보 엄마인 나를 진심으로 걱정했다. 라온이가 그동안 봐왔던 수많은 아기 중에서도 손에 꼽을 정도로 예민하다면서. "그래도 산모님은 잘 해낼 거예요. 엄마니까." 하며 내 손을 꼭 잡아주던 모습이 눈에 선하다.

사람들은 저마다 마음속에 쿠션이 있다. 그리고 그 두께에 따라 자극에 반응하는 양상이 다르다. 독보적인 예민함을 타고난 라온이의 쿠션은 몹시도 얇았다. 다른 사람들에게는 조약돌만 한 일이 라온이에게는 커다란 바위가 되었다. 그 때문에 작은 일에도 마음이 요동쳤다. 기분이 좋으면 요란하게 깔깔거리는 모습은 귀엽고 사랑스러웠지만, 불안이나 불편을 느낄 때는 솟아오르는 부정적 감정을 짜증으로 표출했다. 물론, 속으로만 담아두지 않음은 다행스러운 일이다. 다만 방법을 바꿀 필요가 있었다. 짜증을 내고 나면 개운해하기는커녕 오히려 인상을 더 찌푸릴 뿐이었으니까.

나는 녀석을 자주 타일렀다. 부드럽게 말해야 한다고. 특히, 원하는 것이 있을 때 짜증이나 화를 내면 도움이 안 됨을 강조했다. 라온이도 내 말에 공감했다. 하지만, 마음에 안 드는 상황에서는 어김없이 짜증부터 냈다. 녀석도 주체할 수 없었던 게다. 사실, 나의 조언은 효과가 없을 만했다. 마음 깊은 곳 소용돌이의 근원을 해결하려는 것이 아니라, 겉 포장에 대한 조언일 뿐이니까.

그 짜증 때문에 가장 힘든 사람은 라온이 자신이었다. 그러니 나는 웬만하면 이해하고 그 마음을 보듬어주고자 노력했다. 하지만, 버릇없는 행동을 보이면 단호하게 나무랐다.

저녁 식사 시간이었다. 나는 아이들에게 밥을 다 차렸음을 알리자마자 먼저 먹기 시작했다. 그날따라 유난히 꼬르륵거리는 배를 서둘러서 달래야 했다. 라온이가 달려와 손을 씻어 달라며 싱크대 앞에 두 팔을 뻗고 섰다. 수도꼭지에 손이 닿지 않으니 도와줘야 했다. 내가 젓가락을 내려놓고 다가갔을 때 녀석은 "잠깐만!" 하더니 자리를 떴다. 잠깐이라더니……. 거실에서 동생과 장난치느라 좀처럼 돌아오지 않았다. 한참을 기다리던 내가 다시 식탁 의자에 앉았을 때야 돌아왔다. 잔뜩 신이 나서 콧노래까지 부르며.

기다리는 사람을 생각하지 않은 것에 대해 나무랄까 싶었다. 하지만 식사 직전의 쓴소리는 건강에 해로우니 참기로 했다. 대신 건조하고 딱딱한 말투로 말했다.

"라온아, 엄마는 배고파서 밥 먹어야 하니까 라온이가 화장실에서 씻고 와."

"이렇게 내가 손 뻗고 있으면 엄마가 손 씻어줘야지!"

녀석이 언성을 높이며 짜증을 내더니 어깨까지 씩씩거렸다. 나는 눈과 목에 힘을 줬다.

"엄마가 아까 씻어주려고 기다렸는데도 로운이랑 놀고 왔잖아. 그리고, 라온이가 화장실에서 직접 씻을 수 있는 건데, 엄마한테 씻어달라고 하는 거고. 그런데도 엄마한테 이렇게 짜증 내고 소리치는 거야? 엄마는 버릇없는 건 안 받아준다는 거 알지?"

라온이는 심드렁한 표정으로 화장실로 갔다. 손을 씻고 식탁 의자에 앉았지만 애꿎은 식판을 노려봤다. 그러다가 미간을 찡그리며 콧바람을 거칠게 내뿜어댔다. 반성의 기미 없이 여전히 버릇없이 구는 녀석을 더 호되게 혼내려던 찰나, 식탁 옆 벽에 붙어 있던 종이가 눈에 들어왔다.

종이에는 나의 글씨가 있었다. 나는 살아가는 동안 반드시 지니고 키워나갈 세 가지를 나름대로 정해 그것을 언제고 기억하고자 반듯하게 적어서 눈에 잘 보이는 곳에 두었다. 순간 머릿속에 반짝하는 빛이 비쳤다. 나는 다시 비단처럼 부드럽고 다정한 엄마가 되어 말을 이었다.

"라온아, 행복한 사람들의 특징이 세 가지가 있어. 그게 뭔지 알아?"

라온이는 한순간에 짜증을 거두더니 고개를 한쪽으로 기울였다. 나를 보며 껌뻑거리는 작은 눈동자가 반짝였다. 호기심에 차서 어떻게든 답을 맞히려 애쓰는 그 모습은 볼 때마다 사랑스럽다. 녀석은 도통 감을 잡지 못해 아쉬워했다. 그 또한 사랑스럽기 그지없었다.

"정답은 여기 붙어 있어. 한번 읽어볼래?"

갓 일곱 살이 된 라온이는 그 무렵 한글에 눈을 떠서 천천히 읽을 수 있었다.

"사고력……, 감사……, 성찰……."

"그래. 사고력, 감사, 성찰이야. 사고력이란 생각하는 능력이야. 감사는 고마워하는 거고. 성찰은 자신의 행동을 돌이켜보고 반성하는 거야. 행복한 사람들은 이 세 가지가 뛰어나. 엄마 생각에 라온이는 사고력이 뛰어난 아이야. 하지만 감사와 성찰은 부족한 편이지. 일단 '감사'부터 키우는 게 좋겠어. 라온아, 오늘 하루 고마웠던 일이 얼마나 있었어?"

"많이 있었지."

일 초의 망설임도 없는 답이었다. 뜻밖이었다. 그동안 고맙다고 하는 것을 본 적이 없었다. 내심 기대를 하며, 어떤 것들이었는지를 물었다. 하지만 녀석은 꿀 먹은 벙어리가 되어 멋쩍게 웃기만 했다.

"라온아, 그렇다면 혹시 고맙다고 말한 것이 있을까?"

"없어."

"감사는 고마움을 느끼고, 그걸 표현하는 거야. 표현하지 않으면 소용없어. 엄마가 라온이에게 고맙다는 말 자주 해? 안 해?"

"자주 해."

나는 작은 일이어도 고맙다고 말하는 편이다. 그런 습관이 아이에게도 자연스레 녹아들 줄 알았는데 아니었다. 돌이켜보니 라온이와 로운이는 셀 수 없이 들어왔던 그 말을 내게 해본 적이 없다. 어느 한쪽이 지나치게 주기만 하면 상대방은 받는 것에만 익숙해질 수 있다. 어쩌면 내 아이들이 감사를 표현하지 않는 것이 그 때문일지도…….

"엄마는 감사 잘하지? 라온이도 할 수 있어. 오늘 엄마에게 고마웠던 게 뭐가 있어?"

"아침에 밥 차려준 거, 이 닦아준 거, 같이 놀아준 거……."

"그렇게나 많구나. 이제는 표현도 해보자. '엄마, 밥 차려주셔서 고맙습니다.'라고."

"엄마, 밥 차려주셔서 고맙습니다."

시킨다고 곧바로 말하는 그 순백의 흡수력이 귀여울 따름이었다. 엎드려 절 받기였지만 역시 '고맙다'라는 말은 언제 들어도 기분 좋다. 녀석을 위해 할애했던 시간과 노력을 인정받은 것 같았다. 물론, 그 말을 들으려고 밥을 차려준 건 당연히 아니지만.

라온이는 '감사 연습'을 재미있어했다. 아빠에게 고마웠던 일도 술술 답했고, 아빠가 퇴근하면 직접 말로 표현해줄 거라고도 했다.

"우와, 아주 잘하고 있어. 그럼 로운이한테 고마웠던 건 뭐가 있지?"

"나랑 놀아준 거."

더 있냐는 물음에 이것뿐이라는 라온이. 고마움을 표현해보라는 말에는 난감한 듯 웃으면서 고개를 저었다. 동생을 향한 감사가 인색한 이유가 궁금했지만 묻지 않았다. 대신 일단 한번 해보라고 타일렀다. 동생뿐만 아니라 라온이 기분도 좋아질 거라면서. 그 말이 라온이를 움직였다.

"로운아, 나랑 놀아줘서 고마워."

거실에 있는 동생에게 또렷하게 들릴 만큼 큰 목소리였다. 형으로부터 고맙다는 말을 처음 들은 로운이가 즉시 반응했다.

"어!"

돌아온 답 역시 아주 큰 소리였다. 형의 마음을 온전히 받아주었음을 표현하려는 것 같았다. 이어서 다른 말도 형에게 해주면 좋았을 텐데 그게 다였다. 로운이도 연습이 필요했다.

"로운아, 형아가 이렇게 고맙다고 했잖아. 그럼 로운이는?"

"형아, 오늘 내가 갖고 놀던 장난감 안 뺏어서 고마워."

"아! 나 또 생각났다. 로운아, 내가 뭐 만들 때 방해하지 않아서 고마워."

"형아, 내가 책 꺼낼 때 방해하지 않아서 고마워."

감사는 또 다른 감사를 낳는 법. 고마움을 담은 깜찍한 말들이 주방과 거실을 산뜻하게 오갔다. 나는 감탄사를 연발하며 엄지를 치켜세워 보였다. 기분이 어떠냐는 엄마의 물음에 꼬마 형제는 이구동성으로 답했다.

"좋아!"

목이 마르다는 라온이에게 물을 건네자 녀석이 수줍은 듯 웃으며 말했다.

"고마워."

이제 막 감사의 매력에 눈을 뜨고 그 길로 더 나아가려는 기특함이란! 녀석의 머리를 쓰다듬고 왼쪽 뺨에 뽀뽀를 해주었다.

"라온아, 엄마는 정말 기대된다."

"뭐가?"

"앞으로 라온이가 사고력, 감사, 성찰을 과연 얼마나 키우게 될지가. 그러면 라온이는 더욱 행복해질 거야. 옆에서 엄마도 더 행복해지겠지?"

그날부터 라온이의 입에서 하루에도 몇 번이나 고맙다는 말이 나왔다. 깜빡하면 내가 알려줄 때도 있었지만 어느 순간부터는 스스로 알아서 말하기 시작했다. 나는 그때마다 감격스러움을 아낌없이 쏟아냈다. 표정은 물론이요, "고맙다고 해줘서 엄마도 고마워." 하고 말했다.

라온이는 눈에 띄게 달라졌다. 수시로 고개 드는 짜증을 다스리지 못했던 모습이 줄었다. 누가 보면 아주 좋은 일이 있는 아이처럼 마냥 행복해 보이는 시간이 많아졌다. 마치 목화꽃이 핀 자리에 솜이 나오듯, '감사'라는 꽃이 핀 자리에서 나온 솜이 녀석의 마음 쿠션을 날마다 채워준 덕분이리라.

행복을 만드는 지혜

풀 내음을 맡으러 어디든 가야 마땅한 날씨였다. 가을의 푸르른 하늘은 땅 위의 모든 것을 투명하게 비추고, 선선한 바람은 그 위에 상쾌함을 뿌려댔다. 때마침 주말이라 온 가족이 나들이 가기에 안성맞춤 이건만 나는 꼼짝도 못 했다. 한겨울에나 꺼내는 옷, 양말, 이불로 온몸을 감쌌지만 몸을 떨었고, 한쪽 머리가 깨질 듯 아파서 손가락으로 꾹꾹 눌러줘야만 했다. 그렇게 환절기 감기와 싸우는 와중에도 계속 생각했다. 다행이라고.

다행이다……. 내 입버릇 중 하나다. 마흔 넘게 사는 동안 숱하게 느꼈다. '사람이 죽으란 법은 없다'라는 것을. 경험해보니 어떤 시련이든 감당할 수 있을 만큼 주어졌다. 그날도 비록 몸은 너무 아팠지만 힘든 건 거기까지였다. 평일이었다면 침대에 누워있는 것은 생각조차 못 했으리라. 집안일에, 애들에……. 하지만 주말이라 나를 대신해줄 사람이 있었다.

남편은 집 안을 날아다니다시피 했다. 아이들 밥 차리기, 설거지, 빨래, 청소를 순식간에 해냈다. 그러고는 건조된 빨래가 담긴 바구니를 들고 외쳤다.

"아빠랑 빨래 갤 사람?"

"나!"

"나!"

두 꼬마가 후다닥 달려가는 소리, 뒤이어 세 남자가 빨래를 개며 오순도순 대화하는 소리를 들으며 나는 스르륵 눈을 감았다.

얼마나 지났을까? 카랑카랑한 소리에 눈을 떴다. 형에게 앙칼지게 맞서는 로운이, 동생에게 악을 쓰는 라온이의 목소리였다. 급기야 로운이가 울음을 터뜨렸다. 곧 남편이 중재자로 나설 줄 알았는데, 그는 오지 않았다. 로운이의 울음소리는 더 커졌다. 나는 겨우 몸을 일으켜서 느릿느릿 거실로 갔다. 라온이는 이를 악문 채 동생을 노려보고, 로운이는 얼굴에 눈물 콧물이 범벅된 채 서럽게 울고 있었다. 둘의 손에는 수건이 한 장씩 들려 있었다.

"애들아, 무슨 일이야?"

"엄마…… 형아가 내 수건 뺏었어."

눈물이 그렁그렁 맺힌 채 한 글자씩 또박또박 말하는 네 살이 대견했다. 내 얘기를 기억하고 그대로 지키려 노력 중인 것이다. 나는 자주 강조했었다. 억울하거나 속상한 일이 있을 때 울고만 있으면 해결이 안 된다고. 그러니 침착하게 무슨 일인지 얘기해야 한다고.

동생의 말이 끝나자마자 여섯 살 라온이가 사납게 소리쳤다.

"아니야!"

"라온아, 라온이도 무슨 일인지 침착하게 얘기해줄래?"

녀석은 대답 대신 입술을 일그러뜨리며 거친 콧바람을 내뱉었다. 얼마나 분노에 찼는지 알 수 있었다. 하지만 그런 태도는 불리함을 낳는다. 나는 라온이에게 잘못이 있음을 직감했다. 평소 같으면 야무지게 무슨 일인지 얘기했을 텐데, 이번에는 심통만 냈으니까. 하지만 일단 모르는 척했다.

"혹시, 라온이가 로운이 수건 뺏었니?"

"몰라!"

"로운이는 라온이가 뺏었다고 하는데?"

"아니야!"

카랑카랑한 목소리에 귀가 따가웠지만, 나는 동요하지 않고 차분하게 말했다.

"로운아, 형아는 아니라고 하는데?"

"원래 나한테 있었는데, 형아가 뺏었어!"

로운이는 가까스로 말하고는 결국 울음을 터뜨렸다. 녀석의 눈물과 콧물을 닦아 주었다. 그리고, 고개를 돌려 라온이를 바라봤다. 근엄한 표정으로. 목소리도 그에 걸맞게 바꿨다.

"라온아, 엄마는 무슨 일이 있었는지 다 알고 있거든. 하지만 지금 기회를 주고 있는 거야. 솔직히 말할 기회를. 엄마가 늘 말했지? 용감한 사람만이 솔직하게 말할 수 있다고."

"엄마가 어떻게 알아?"

조금 전까지만 해도 분노로 이글거렸던 눈동자가 호기심으로 반짝였다. '엄마는 침대에 있었는데 어떻게 다 안다는 거지?' 하는 표정이었다. 궁금한 것이 생기면 자신이 어떤 감정 상태였는지조차 잊어버리는 이 동심의 순수함이 귀엽고 사랑스러웠다. 그 순간 나도 모르게 웃음이 나올 뻔했다. 하지만 재빨리 심호흡하며 근엄한 태도를 지켜냈다.

"엄마는 다 알아. 혹시 로운이 손에 있던 수건을 빼앗은 거니?"

"맞아."

라온이는 체념한 듯 힘없이 말하고는 조심스레 나를 봤다. 나의 반응을 기다리는 모습에 걱정이 담겼다. 나는 그제야 다정한 엄마로 돌아갔다.

"솔직히 말해줘서 고마워. 일단 뺏은 것이 맞는다면 지금 어떤 행동을 해야 할까?"

"사과?"

"그래."

"로운아, 미안해."

사과를 했으니 잘 마무리된 것으로 볼 수도 있다. 하지만 이대로 끝내면 안 된다. '사과'는 했다고 해서 끝이 아니다. 받는 이가 인정해야만 한다. 나는 로운이에게 물었다.

"로운아, 형아 사과 받아줄 거야?"

"아니."

"사과 안 받아줄 거야? 그럼 형아가 어떻게 해야 해?"

"진심으로 사과해야 해."

언젠가 라온이가 '로운아, 미안해.'라고 한 적이 있었다. 표정과 말투는 심드렁했기에 나는 다시 사과를 시켰다. 그건 진심으로 하는 사과가 아니라면서. 눈을 바라보고 어떤 점에 대해서 사과하는지 말해야 한다고 알려줬다. 로운이가 그 일을 기억하고 있는 것이다. 다행히 라온이도 마찬가지였다.

"로운아, 수건 뺏어서 미안해."

"로운아, 이번에는 형아 사과 받아줄 거야?"

"응."

"라온아, 이제 그 수건 로운이한테 주자."

수건의 제 주인을 찾아주면 나도 다시 침대로 돌아가 누울 수 있다고 생각했다. 그런데, 라온이가 갑자기 흥분하며 소리쳤다.

"그럼 난 갤 수건이 없단 말이야!"

그러더니 더는 말을 잇지도 못하고 목놓아 울기 시작했다. 몹시 억울해하는 그 모습에 혼란스러웠다. 혹시 내가 놓친 뭔가가 있는 것일까? 때마침 남편이 왔다. 다림질을 하느라 그제야 온 것이었다. 그의 등장으로 사건(?)의 전모를 파악할 수 있었다.

몇 분 전, 남편은 수건 두 장을 로운이에게 줬었다. "형아랑 나눠서 개." 하고는 자리를 떴다. 하지만 로운이는 그 말대로 하지 않고 수건 두 장을 모두 손에 쥐고 있었다. 라온이가 한 장을 낚아채려 하자, 둘의 줄다리기가 시작된 것이다. "내 거야!", "아니야!" 하다 결국, 형이 이겼다. 하지만 누구도 기쁘지 않은 한 판이었다. 패자는 수건을 뺏긴 것이 속상했고, 승자는 자기 몫을 처음부터 받지 않은 것에 화가 났다.

따지고 보면 로운이가 애초에 잘못했다. 그런데 라온이가 사과까지 했으니 몹시 억울할 만했다. 서럽게 꺼이꺼이 울고 있는 라온이를 감싸 안고 무릎에 앉힌 뒤, 등을 토닥였다.

"아빠가 둘이 나눠서 수건 개라고 한 건데, 로운이가 안 줘서 속상했어?"

"응. 엉엉엉."

"그랬구나. 그랬구나."

나는 흔들의자처럼 몸을 앞뒤로 움직이면서 녀석의 한쪽 귀를 내 심장에 닿게 했다. 엄마의 심장 소리는 우는 아기를 달래는 데 특효약이다. 여섯 살 꼬마에게도 마찬가지다. 울음소리가 차츰 줄어들고, 거칠었던 숨소리도 부드러워졌다.

"라온아, 혹시 로운이한테 라온이 수건을 달라고 해봤어?"

"아니."

"만약에 라온이가 힘으로 빼앗기 전에, 말로 '그거 나한테 줘야지.'라고 했으면 어땠을까? 지금처럼 화나고 슬픈 상황이 되었을까?"

"아니."

"그래. 그랬으면 참 좋았을걸."

말없이 고개를 끄덕이는 라온이에게 부드러운 미소를 지어 보였다. 그리고, 고개를 돌려 로운이를 바라봤다. 눈을 껌뻑이며 나를 보고 있는 녀석에게도 다정하게 물었다.

"로운이는 형아가 수건을 뺏어가기 전에 먼저 '여기 형아 거.' 하면서 말하고 줬어?"

"아니."

"만약 처음부터 그렇게 했다면 로운이가 속상하게 엉엉 울고, 이런 상황이 됐을까?"

"아니."

꼬마 형제를 내 앞에 나란히 앉혔다. 네 개의 맑은 눈동자가 차분하게 내 눈을 바라봤다. 꽉 닫혀 있던 녀석들의 마음과 귀가 열렸으니 꼭 들려주고픈 얘기를 본격적으로 할 수 있었다.

"얘들아, 잘 들어봐. 우리는 지금 이 순간 얼마든지 행복할 수 있었어. 행복은 우리 스스로가 만드는 거야. 그러기 위해서는 지혜가 필요하지. 그런데 조금 전에 너희들은 지혜롭지 못해서 행복의 기회를 놓쳤었어. 참 안타깝지? 혹시 어떤 행동이 지혜롭지 못했던 걸까?"

"로운이한테 내 수건 달라고 말하지 않고 뺏은 거."

"그래. 로운이는?"

"형아한테 수건 안 준 거."

"그래. 잘 아네. 그렇게 하지 않고, 아까 엄마가 말했던 것들을 했더라면 지금 하하 호호 웃으며 행복했겠지?"

"응."

녀석들이 무척이나 대견했다. 다소 어려울 수 있는 얘기였는데…….
내 말을 이해했으니, 이제부터는 명랑함을 되찾고 행복을 만들어가면 됐다. 그런데, 두 꼬마가 전혀 기운 없이 풀 죽은 표정만 짓고 있는 게 아닌가! 자신들이 잘못했던 순간을 떠올리고 후회하는 것이다. 물론, 잘못에 대한 반성은 필요하다. 하지만, 후회의 어둠에만 머물면 곤란하다. 나는 내 아이들이 반성을 딛고 '성장'이라는 밝은 길로 나아가길 바란다.

일단, 둘에게 드리워진 어둠을 걷기 위해 '칭찬'이라는 마법 가루를 뿌려줘야 했다. 칭찬 거리는 아이들이 잘못을 일으킨 사건에서 찾는 게 좋다. 대개 그 속에는 머리를 쓰다듬어줄 만한 면도 있기 마련이니까.

"그런데 그거 알아? 우리 라온이, 로운이가 지혜로운 행동도 했어. 뭘까?"

"몰라."

"라온이는 무슨 일이 있었는지 솔직히 얘기해줬잖아. 이건 지혜로운 거야? 아니야?"

"지혜로운 거야!"

"물론이지. 그건 참 지혜로운 거야."

여섯 살의 얼굴이 해님처럼 밝아지더니, 이내 타오르는 태양이 되었다.

"나 또 생각났다! 로운이한테 사과하라고 했을 때 사과했잖아."

"그래. 라온아. 그건 아주 지혜롭고 용기 있는 행동이었지."

로운이도 눈을 반짝이며 말했다.

"나도 생각났다! 형아한테 수건 준 거."

네 살배기는 아직 완전히 이해를 못 한 것 같았다. 형에게 줄 수건을 쥐고만 있었으면서……. 그래도 이런 대화에 적극적으로 함께하는 게 어딘가! 의욕만큼은 훌륭했다.

"우리 로운이는 형아의 사과를 받아줬지? 그게 아주 지혜로운 행동 같아. 어때?"

"맞아. 형아가 진심으로 사과한 거 받아줬잖아."

어깨가 축 처졌던 천사들이 날개를 활짝 펼치더니, 서로를 향해 해맑게 웃었다.

"로운아, 우리 수건 같이 갤까?"

"응, 좋아."

익살꾼 형과 따라쟁이 동생은 킥킥거리면서 수건을 갰다. 한 장을 개는 데 5분이 넘게 걸렸지만, 세상에서 가장 재미있는 수건 개기였다.

-¦-

진짜 멋쟁이, 진짜 못난이

그네에 탄 라온이를 힘껏 밀어주었을 때다. 한 아이가 다가와 기둥을 붙잡고 서서 순서를 기다렸다. 나는 조금만 기다려 달라면서 씽긋 웃어주었다. 하지만 녀석은 덤덤한 표정을 지었을 뿐이다. 그러고는 표정만큼이나 덤덤한 말투로 말했다.

"학교에서 어떤 형이 저한테 못생겼다고 했어요."

다른 때 같으면 정색을 하면서 그렇지 않다고, 말도 안 되는 얘기라고 했을 나다. 하지만 그날은 일부러 미소를 유지하며 태연하게 물었다.

"누가 그렇게 말했어?"

"3학년 형이요. 그 형이 못생긴 거죠?"

나를 보는 눈빛에 간절함이 담겨 있었다. 아마도 외모 때문에 상처받은 일이 한두 번이 아닐 것이다. 녀석의 오른쪽 콧방울 바로 옆에는 콩알만 한 점이 있었다. 누군가의 고약한 말을 가슴에 품고 놀이터까지 오는 내내 어떤 마음이었을까? 누구에게라도 털어놓고 위로를 받고 싶었던 모양이다. 우연히 만난 한 어른에게라도.

"그래, 맞아. 잘 알고 있네. 기특한걸. 이모는 그 형이 누군지는 몰라. 하지만 분명히 알 수 있는 게 있지. 바로 엄청난 못난이라는 거야. 내 말이 맞지? 내가 그걸 어떻게 아는지 궁금하지?"

풀이 죽어있던 작은 눈빛에 생기가 피어올랐다. 기대와 호기심 어린 표정으로 고개를 끄덕이는 모습에 나는 더욱 확신에 찬 태도로 말했다.

"왜냐면 못난 사람 눈에는 모든 게 못나 보이고, 멋진 사람 눈에는 모든 게 멋져 보이거든. 이모 눈에는 우리 친구가 너무 멋지기만 한걸. 왜냐면 이모는 멋진 사람이니까. 우리 친구 눈에는 이모가 어떻게 보여? 멋져? 아니면 못났어?"

"멋져요."

"역시! 그건 우리 친구가 멋지기 때문이야."

그제야 씩 웃는 아이. 보는 이를 기분 좋게 하는 해맑은 미소를 지녔다.

흔들리는 그네에 앉아 있던 라온이가 연신 "엄마, 뭐? 엄마, 뭐?" 물어댔다. 그 옆에 있는 그네 위의 로운이도 마찬가지였다. 둘은 그네가 멈추자마자 서둘러 다가오더니 무슨 얘기를 했는지 물었다.

"멋진 사람 눈에는 멋진 것만 보이고, 못난 사람 눈에는 못난 것만 보인다는 얘기를 하고 있었어."

앞뒤 상황을 듣지 못한 탓에 눈만 끔뻑이는 녀석들에게 나는 곧바로 물었다. 여기 있는 형이 멋진지 안 멋진지를. 다섯 살, 세 살의 형제가 이구동성으로 외쳤다.

"멋져."

"역시! 라온이랑 로운이는 멋진 아이라니까! 둘이 이렇게 멋지니까 여기 형아도 멋지게 보이는 거야. 멋진 사람 눈에는 멋진 것만 보인다는 말이 무슨 뜻인지 이제 알겠지?"

고개를 끄덕이는 두 꼬마와 낯선 동생들로부터 멋지다는 말을 들은 한 아이가 싱그럽게 웃었다. 따사로운 햇살이 내려와 녀석들의 미소를 더욱 환하게 비추었다.

"그런데 말이야, 아까 어떤 형아가 이 형아한테 못생겼다고 했었나 봐. 자, 여기에서 문제가 하나 더 나갑니다. 과연 그 형아는 멋질까요? 안 멋질까요?"

"안 멋져!"

"그래요? 정말 맞나요? 자신 있어요?"

"네!"

"딩동댕! 그래요. 그 형아는 아주 아주 아주 못난이랍니다."

꼬마 형제는 마주 보고 기쁨의 춤사위를 시작했다. 고개를 좌우로 까딱거리면서 폴짝폴짝 뛰었다. 양팔을 허공에 휘젓는 것까지 곁들여져 더욱 우스꽝스러웠다. 나도 함께 덩실거리며 흥겨움을 더해줄 수 있었지만 일단 참았다. 진지한 얼굴로 더 해줄 말이 있었다.

"얘들아, 우리가 마음이랑, 겉모습에 대해서 꼭 알아야 할 게 있어. 어떤 사람이 겉모습은 너무너무 멋있어. 그런데 마음속에는 온통 못난 생각들만 가득해. 다른 사람에게 상처 주는 말도 아무렇지 않게 하고, 자기만 생각하고 그래. 그렇다면 그 사람을 멋있는 사람이라고 할 수 있을까?"

"아니!"

"또 어떤 사람은 겉모습은 정말 못났어. 그런데 천사같이 착하고 고운 마음을 가졌어. 다른 사람을 돕는 것을 좋아하고, 배려하고, 친구들과도 사이좋게 지내지. 그렇다면 그 사람은 멋있는 사람이라고 할 수 있을까?"

"응!"

"그래. 맞아. 정말 중요한 것은 겉모습이 아니라 마음인 거야. 앞으로 우리는 어떤 사람이 돼야 할까? 마음이 멋있는 사람? 아니면 겉모습만 멋있는 사람?"

"마음이 멋있는 사람!"

"좋아요. 여러분은 지금도 아주 멋져요. 앞으로도 죽 멋지길! 알겠나요?"

"네!"

두 꼬마의 흥겨운 춤사위가 다시 시작되었고, 이번에는 나도 날갯짓하듯 두 팔을 펄럭였다. 기둥 옆에 서 있던 아이는 구경꾼이 되어 흐뭇한 미소를 지었다. 녀석에게 해주고픈 또 다른 얘기가 떠올랐다.

"우리 친구는 참 지혜롭네. 학교에서 있었던 일을 혼자서 끙하고 있지 않고 이모한테 얘기해줬으니까. 역시 멋있어."

가볍게 손뼉을 쳐주는 내게, 녀석은 다시 수줍은 미소를 보였다.

그날 놀이터에서의 세 아이는 모두 해맑게 웃었지만, 나는 속으로 안타까움을 삭여야 했다. 우리 사회에 퍼진 '외모 지상주의' 때문에 다시금 가슴이 답답했다. 유명 연예인의 자녀에 관해 쏟아지는 기사들은 생김새나 키, 옷 입는 스타일에 대한 찬사들로 가득하다. 사람들이 서로에게 주고받는 칭찬에서도 외모나 옷차림이 차지하는 비중이 압도적이다. 찾기 쉬운 칭찬 거리이기도 하거니와 듣는 이를 기분 좋게 하는 데 효과적이니까. 하지만 나는 그 칭찬이 우려스럽다.

아침에 유치원 버스 정류장에서 줄을 서 있던 한 꼬마가 대성통곡했던 일이 있다. 녀석은 유치원에 안 가겠다고 했다. 함께 기다리던 친구 중 자신의 옷이 가장 밉다면서. 여섯 살 아이에게 옷차림이 그토록 중요하게 된 이유는 뭘까?

나는 겉모습에 대한 칭찬은 일부러 하지 않는다. 상대가 어린아이라면 더더욱. 내 입에서 나간 '겉모습에 대한 칭찬' 한마디는 우리 사회의 심각한 문제를 키우는 자양분으로 쓰인다. 그 속으로 아이를 빠뜨릴 수는 없다. 그렇다고 해서 내가 칭찬에 인색한 사람은 결코 아니다. 오히려 즐겨 한다. 조금만 찾아보면 칭찬 거리는 얼마든지 있으니까.

솔직히, 나도 한때는 그 흔한(?) 칭찬을 하던 사람이었다. 하지만 한 권의 책 덕분에 달라졌다. 읽을 때마다 달리 보이는 책 《어린 왕자》다. 서른 중반이 훌쩍 넘어 다시 펼쳤더니 새로운 것이 보였다. 그리고, 나만의 한 문장으로 이 책을 정의했다. '껍데기에 치중하다가 정작 소중한 것을 보지 못하는 이들에게 경각심을 주는 책'이라고. 저자 생텍쥐페리는 책 전반에 자신의 메시지에 대한 단서들을 뿌려 놓았다.

"꽃의 말이 아니라 행동을 보고 판단했어야 했어."

"사막이 아름다운 것은 그곳 어딘가에 샘을 감추고 있기 때문이야."

"하지만 눈으로 보는 것이 아니야. 마음으로 찾아야만 해."

"중요한 것은 눈에 보이지 않는단다."

– 《어린 왕자》 중에서(생텍쥐페리)

놀이터 그네 옆에서 엄마를 따라 춤추며 마냥 신난 내 아이들의 눈망울은 유리알처럼 투명했다. 맑고 깊은 그 눈으로 언제까지나 소중한 것을 볼 수 있기를……. 껍데기가 아닌 내면의 아름다움 말이다. 라온이, 로운이와 《어린 왕자》를 두고 깊이 있는 독서 토론을 하고 싶었다. 하지만, 제법 오랜 시간이 지나서야 가능한 일일 테니, 지금 당장 할 수 있는 한 가지라도 우선 나누기로 했다.

"라온아, 로운아. 엄마가 《어린 왕자》 책에서 좋아하는 말이 있거든. '중요한 것은 눈에 보이지 않는다.'야. 혹시 이게 어떤 뜻 같아?"

세 살의 로운이가 먼저 씩씩하게 말했다.

"아! 알겠다. 중요한 거는 눈에 보이지 않는다는 거."

"그래. 중요한 거는 눈에 보이지 않는다. 과연 이게 무슨 뜻일까?"

동생이 멀뚱멀뚱 엄마만 쳐다보고 있는 틈을 타서 다섯 살 라온이가 말했다.

"공기는 사람에게 중요하지만, 눈에 안 보이잖아."

"그래. 공기는 중요한데 눈에 안 보이지. 또 그런 것이 있을까?"

"지혜도 중요한데 눈에 안 보이잖아."

평소에 내가 아이들에게 '지혜'의 중요성을 얼마나 강조했는지 새삼 느껴졌다. 로운이가 형에게 질세라 다시 나섰다.

"엄마, 사랑도 중요한데 눈에 안 보이잖아."

"그렇지. 혹시 또 있을까?"

"……."

"우리 라온이랑 로운이는 '중요한 것은 눈에 보이지 않는다.'라는 말 뜻을 아주 잘 알고 있네. 이 말 뜻을 잘 모르는 사람들이 하는 실수가 있어. 눈에 보이는 것만 중요하게 여기는 거지. 저번에 놀이터에서 만났던 형아 기억해? 그 형아 얼굴을 보고 어떤 형아가 못생겼다고 놀렸었어. 그런데, 겉모습을 가지고 사람을 판단하는 건 어리석은 거야. 그 사람의 마음을 보지 못한 거지. 중요한 건 마음인데 말이야. 우리 라온이랑 로운이는 사람의 얼굴, 옷차림 이런 거를 중요하게 생각할 거예요? 아니면 마음을 중요하게 생각할 거예요?"

"마음!"

"역시, 라온이랑 로운이는 뭐가 중요한지 잘 아는구나. 지혜로워."

'중요한 것은 눈에 보이지 않는다'라는 문장을 두고 뻗어 나갈 수 있는 대화의 가지는 무궁무진하다. 하지만 그날은 그쯤에서 멈췄다. 다음에 대한 기대를 품은 채. 시간이 지날수록 아이들의 생각은 자라난다. 얼마 뒤 같은 문장에 대해 두 꼬마는 어떤 생각의 날개를 펼칠까나?

-¦-

길게 보기

식사 시간, 로운이가 식탁 위 밥주걱에 붙어 있는 밥풀을 빨아 먹기 시작했다. 그걸 보고 라온이가 의아한 눈초리로 물었다.

"엄마, 로운이가 '밥주걱 줘.' 했어?"

규칙상 '밥주걱 줘.'라고 먼저 말한 사람이 임자인데, 로운이는 그 말을 하지 않았다. 내가 잠시 싱크대에 다녀온 사이에 냉큼 주걱을 집은 것이다. 라온이에게 사실대로 말해주었다. 곧, 일곱 살의 성난 목소리가 집안에 울렸다.

"말도 안 했으면서 왜 네가 밥주걱 빨아?"

규칙을 지키지 않은 동생에게 기회를 빼앗긴 것에 대한 분노였다. 로운이는 주걱을 쥔 채 눈만 껌뻑거렸다. 잘못을 모르는 척 시치미를 떼는 듯한 표정으로. 다섯 살이 되자 그처럼 얼렁뚱땅 행동하며 은근히 문제를 일으키곤 했다. 그로 인해 라온이가 피해를 보는 경우가 종종 생겼다.

그럴 때면 대개 나는 화가 난 라온이를 달래주고 로운이에게 한소리를 했다. 하지만 이번에는 그러고 싶지 않았다. 동생에게 너무 인색하게 구는 것 같아서다. 녀석은 최근 들어 동생을 자주 윽박질렀다. 물론 그 마음을 이해할 수 있었지만, 그대로 두면 습관이 될 수도 있는 문제였다.

"라온아. 물론 '밥주걱 줘.' 먼저 한 사람이 빠는 게 맞아. 음…… 엄마가 궁금한 게 있어. 만약 로운이가 아니라 다른 사람이 그랬더라도 이렇게 소리치고 짜증 냈을 거야?"

"다른 사람은 그렇게 하지 않잖아!"

흥분을 가라앉히지 않는 녀석을 보며 나도 감정을 주체하지 못했다. 툭하면 동생에게 고약하게 구는 것이 못마땅하고, 그때마다 타이르는 것에도 지쳤던 나머지 냉정하게 쏘아붙이며 해서는 안 될 말을 내뱉고 말았다. 녀석의 감정을 존중하지 않는 말을.

"라온아, 도대체 밥주걱이 뭐라고…… 이게 그렇게까지 중요해? 동생한테 이렇게까지 소리치고 화낼 정도로?"

"엄마, 난 지금 로운이가 약속을 안 지켜서 화가 많이 났다고!"

라온이의 장점이 빛나는 순간이었다. 어떤 상황에서도 자신의 감정과 그 이유를 흔들림 없이 야무지게 말하는 모습 말이다. 이런 아이를 동생에게 옹졸한 형으로 치부해버리고, 그것을 못마땅하게 여기는 속내를 드러내는 것은 문제를 해결하는 데 전혀 도움이 되지 않는다. 나는 최대한 부드럽게 말했다.

"우리 라온이가 이다음에 과학자가 되고 싶다고 했지? 사람들을 더 편하게 해주려고. 위대한 과학자들은 이런 일에 흥분하고 화를 내지 않아. 왜냐고? 그들은 지금 당장만 보지 않거든. 지금을 보면 로운이가 주걱을 빨아서 로운이한테만 좋은 일이 생긴 거 같지? 아니야. 왜냐고? 엄마는 라온이가 약속을 지키다가 이렇게 속상하게 된 걸 잘 알아. 그러니까 라온이를 더 챙겨주고 맛있는 김도 더 주고 그럴 거야. 그리고 라온이한테 더 잘해줄 거고. 로운이는 저 주걱은 얻었을지는 몰라도 엄마가 다정하게 대해주는 걸 잃었지. 아주 잘못했으니까."

지금껏 잠자코 있던 로운이가 그제야 조심스레 입을 뗐다.

"엄마…… 나 이제 주걱 내려놓으면 나한테도 잘해줄 거지?"

"아니, 로운이는 약속을 지키지 않았잖아. 원래 '밥주걱 줘.'라고 해야 하는데, 그걸 뻔히 알고 있으면서도 그냥 주걱을 잡았잖아. 엄마는 속상해 하는 형아를 더 챙겨줄 거야."

로운이는 그대로 얼음이 되었다. 무엇을 어떻게 해야 할지 몰라서 혼란스러워하는 얼굴이었다. 나는 고개를 돌려 라온이를 보았다. 얼굴에서 서서히 짜증을 걷어내고 있는 녀석에게 따뜻하게 미소 지으며 말했다.

"이제 로운이는 마음이 불편할 거고, 라온이는 마음이 편해질 거야. 중요한 걸 알려줄게. 지혜로운 사람은 당장 눈앞에 일어난 일만 보고 화내거나 속상해 하지 않아. 지금의 일로 인해서 앞으로 어떤 일들이 생길지를 생각해보거든. 즉, 다음 그리고 그다음에 일어날 일들까지 예상해보는 거야. 그걸 생각하면서 행동하다 보니까 마음이 편하게 되는 거지. 지금 라온이 마음이 어때?"

"편해."

"그렇지? 바로 그거야. 로운이는 마음이 어때? 편해? 불편해?"

"불편해."

녀석의 목소리가 떨렸다. 콧구멍이 빠르게 벌름거렸고 힘주어 다문 입술은 실룩거렸다.

"그래. 그럴 수밖에 없는 거야. 그러니까 로운이도 앞으로는 어떤 게 옳은지 판단하고 행동해야 해. 안 그러면 이렇게 결과적으로는 로운이에게 안 좋은 상황이 생기게 되니까. 알겠니?"

로운이는 고개를 끄덕이고는 이내 울음을 터뜨렸다. 다시 찾은 엄마의 다정함에 안도감이 찾아오자 참았던 슬픔이 폭발한 것이다. 나는 녀석의 눈물을 닦아주고 등을 토닥여주었다.

아이들에게 가르침을 주고 나면 우려스러울 때가 있다. 녀석들이 살아갈 세상이 내가 알려주었던 대로 돌아갈지에 대해. 바른 일을 하면 마음이 편하고 결국에는 더 얻는 것이 있고, 잘못을 저지르면 마음이 불편함은 물론이요, 손해를 보게 된다는 것……. 과연 현실적으로 맞는 말일까? 언뜻 떠오르는 대답은 '글쎄'이다. 하지만, 길게 보면 대답이 달라질 수도 있다. 그러니 우리는 꾸준히 연습해야만 한다. 길게 보는 연습을. 그리고 바르게 사는 연습을.

나는 내가 제일 좋아

주문했던 쌀국수와 볶음밥이 나오자 라온이가 물개 박수를 쳤다. 며칠간 배탈 때문에 음식을 조심했었던 녀석이 드디어 몸을 회복했다. 그것을 축하하고자 녀석이 좋아하는 식당으로 온 것이다. 콧구멍을 넓혀 냄새를 깊이 들이마시는 모습이 더없이 행복해 보였다. 숟가락으로 볶음밥을 떠서 알록달록 작은 산을 만들어 입에 넣고, 빠른 속도로 오물거리다가 목구멍으로 꿀꺽 넘기는 과정이 경쾌했다.

"엄마, 나는 좋아하는 게 두 개가 있어. 그게 뭔지 알아?"

"그래? 글쎄…… 그게 뭘까? 흠……."

나는 너무나 궁금해서 견디기 힘든 표정을 지어 보였다. 엄마의 반응에 여섯 살 꼬마는 만족했다. 그리고 선심 쓰듯 말했다.

"알려 줄까?"

"응."

"첫 번째는 음식이고."

"아하! 그렇구나."

나는 눈을 최대한 크게 떴다. 전혀 예상 못 한 것처럼 행동했지만, 충분히 짐작할 수 있었던 답이다. 음식을 향한 녀석의 각별한 애정을 숱하게 봐왔으니까. 다른 하나는 무엇일까? 후보들이 워낙 많았다. 아빠, 엄마, 노는 거, 블록, 물놀이, 킥보드…….

"두 번째는…… 바로 나 자신이야."

"와! 그래? 정말 멋지다."

여섯 살에게서 이런 말을 들을 줄이야! 이유를 물어보려던 찰나, 옆에서 쌀국수를 호로록 먹고 있던 네 살의 로운이가 나섰다.

"엄마, 나는 좋아하는 게 두 가지가 있어. 그게 뭔지 알아?"

"그래? 글쎄……. 그게 뭘까?"

"첫 번째는 음식 먹는 거고, 두 번째는 바로바로…… 나 자신이야!"

형보다 더 멋진 얘기를 했다는 양 우쭐해 하는 것은 언제 봐도 깜찍했다. 나는 라온이에게 해주었던 호응과 소감을 똑같이 반복했다. 차별을 두어서는 안 된다. 두 형제는 엄마의 반응에 흡족해 했다.

좋아하는 것으로 '나 자신'을 꼽다니! 이유가 몹시 궁금했지만 물어볼 수 없었다. 녀석들이 높은 집중력을 보이며 포크질, 숟가락질을 해댔으니까. 첫 번째로 좋아하는 '음식'을 취하며 행복에 빠져 있는데, 어찌 방해할 수 있단 말인가! 지금은 일단 녀석들을 배려해주기로 했다. 나의 궁금증을 풀 기회는 그 순간이 아니어도 얼마든지 온다.

엄마가 되고 나서 머리가 아닌 가슴으로 그 뜻을 이해하게 된 말이 있다. '보는 것만으로도 배가 부르다'. 내 아이들의 먹는 모습을 보며 내 허기를 잠시 잊었다.

"신화야, 배고플 텐데 너도 어서 먹어."

그 자리에 함께 있던 친정엄마가 숟가락을 쥐여 주었을 때야 나도 음식을 떴다. 내 아이들처럼 나도 감탄사를 연발하면서 먹었다. 그 모습을 보고 있는 나의 엄마를 위해.

라온이가 갑자기 숟가락을 내려놓더니 화장실에 가고 싶어 했다. 녀석은 변기에 앉은 채 쉴 새 없이 재잘거렸다. 괄약근에 힘을 줄 때만 빼고는. 이야깃거리도 풍성했다. 유치원에서 있었던 일, 마트에서 사야 할 식품들, 할머니 댁에서 봤던 만화 속 사건……. 옆에서 대기 중이던 나는 수시로 호응을 곁들이면서 들어주었다. 그러다가 마침내 내가 하고픈 말을 할 기회가 생겼다.

"라온아, 그런데 말이야. 엄마가 궁금한 게 있어. 라온이가 좋아하는 두 가지 중의 하나가 '나 자신'이라고 했잖아. 혹시 왜 그런 생각을 하게 된 거야?"

"아침에 로운이가 나 자신을 좋아한다고 말했거든. 그래서 나도 그렇게 따라 한 거야."

그토록 멋진 말이 네 살배기에게서 시작됐다니! 라온이도 동생의 말이 제법 마음에 들었던 모양이다. 엄마에게 그대로 전한 걸 보면.

그날 아침에 로운이는 왜 그런 말을 한 걸까? 매일 아침 두 형제는 그야말로 다양한 주제로 대화를 나눈다. 둘은 잠에서 깨면 조용히 거실로 나가서는 창으로 들어오는 아침 햇살을 받으며 즐거운 시간을 보낸다. "친구야. 출동해야 해!" 하면서 위험에 빠진 인형을 구해주고, 블록으로 만든 작품을 보여주며 자랑과 칭찬을 나누고, 장난감들을 섞어서 볶음밥이라며 대접하고, 볼록 튀어나온 이마를 다정하게 맞대고 앉은 채 멋진 그림을 그리는 방법을 알려 준다. 나는 잠에서 깼더라도 일단 침실 밖으로 나가지 않고, 가만히 귀를 기울인다. 열린 문으로 들려오는 형제들의 대화는 그 어떤 영화보다 흐뭇하고 사랑스럽다. 또한, 그 어떤 코미디물보다 재미있다.

그런데, 그날 아침에는 산소 같은 대화를 듣지 못했다. 전날 두 녀석이 외할머니댁에서 잤기 때문이다. 남편도 늦게 귀가하고, 나도 중요한 약속이 있었기에 아이들을 친정엄마에게 부탁했던 것이다.

외식을 마치고 집으로 와 로운이를 씻겨주면서 드디어 물었다.

"로운아, 엄마가 궁금한 게 있어. 아침에 형아한테 '나 자신'을 좋아한다고 했어?"

"응."

"혹시 왜 그런 생각을 하게 된 거야?"

온몸에 새하얀 비누 거품을 두른 녀석이 눈처럼 깨끗한 목소리로 명랑하게 답했다.

"음……. 몰라."

로운이는 어떨 때는 지나치다 싶을 정도로 자세하게 이유를 설명해주는가 하면, 지금처럼 아무런 얘기도 안 해줄 때가 있다. 다시 물어봤자 더 이상의 답이 나올 만한 상황이 아니었다. 손에 얹혀 있는 비누 거품 3단 아이스크림에 정신을 쏟고 있었으니까.

비록 궁금증은 풀리지 않았지만 생각할수록 기분이 좋았다. 그리고, 아이들과도 나누고 싶은 생각이 생겼다. 오붓하게 인형 놀이를 하는 형제에게 다가갔다.

"얘들아, 혹시 엄마가 가장 좋아하고, 가장 소중하게 생각하는 게 뭐게?"

"음…… 글 쓰는 거!"

"그것도 좋아하긴 하는데, 그것보다 더 좋아하는 게 있어."

"가족!"

"그것도 좋아하긴 하는데, 그것보다 더 좋아하는 게 있어."

그전 같으면 '글쓰기'나, '가족'이라고 말했을 나다. 하지만 이제는 다른 답을 할 수 있게 되었다. 로운이 덕분이다.

"엄마가 가장 좋아하는 건 바로바로 엄마야. 엄마 자신을 가장 좋아해. 그리고 엄마를 가장 소중하게 생각해. 이건 참 중요하단다. 자기 자신을 좋아하고, 사랑하고, 아껴야 해. 그래야 다른 사람에게도 그렇게 할 수 있는 거야. 내가 소중한 만큼 다른 사람도 소중하다는 것을 아는 거지. 우리 라온이, 로운이도 그럴 수 있을까요?"

"응!"

-¦-

사랑한다는 말

어린 시절, 아빠로부터 '사랑한다'라는 말을 들었던 기억이 없다. 하지만, 돌이켜보면 언니들과 내게 해주었던 모든 행동이 사랑이었다. 틈만 나면 세 딸의 사진을 찍어주고, 하회탈처럼 웃어주고, 추운 겨울에 모닥불의 매운 연기를 참아가며 고구마를 구워주고, 뜨거운 뙤약볕에 땀을 뻘뻘 흘리면서도 긴 호스로 물을 뿌려 물놀이를 시켜주고, 오토바이에 태워서 동네를 한 바퀴 돌아주고…….

그런 것들이 모두 사랑이었음을 뒤늦게 깨닫기 시작했다. 아빠의 말기암 소식 이후에야. 환자복을 입고 있는 아빠를 보고 있노라면 지난 시간이 하나씩 떠올랐다. 빛바랜 흑백 사진 같은 추억들을 끄집어낼수록 명확하게 보였다. 딸들을 향한 아빠의 사랑이 얼마나 크고 깊었는지가. 만약 아빠로부터 '사랑한다'라는 말을 들어왔다면 그 사랑을 진즉 깨달았을까?

남편을 보면 나의 아빠가 떠올랐다. 퇴근 후 기진맥진하면서도 두 아들과 놀아주고, 아무리 힘들어도 여섯 살, 네 살 꼬마가 손을 잡아끌면 함박웃음을 지었다. 주말이면 쉬는 것을 마다하고 아이들을 데리고 어디든 외출하려 했다. 그야말로 다정하고 좋은 아빠다. 그는 자식을 향한 사랑을 '말'보다는 '행동'으로 보여준다. 나의 아빠처럼. 문득 궁금했다. 아이들은 그 사랑을 알까?

"라온아, 아빠가 라온이 사랑하는 거 같아? 안 사랑하는 거 같아?"
"사랑하지!"
"사랑한다는 말을 잘 안 하는데 어떻게 알아?"
"나는 다 알아. 에디(만화 '뽀로로'에 나오는 척척박사)처럼."

티끌만큼의 의심도 없는 확신에 찬 모습이었다. 어쩌면 나도 어렸을 때는 알지 않았을까? 어린 마음의 창은 무엇이든 고스란히 볼 수 있을 만큼 투명하니까. 그 창을 통해 아빠의 사랑이 온전히 전해졌으리라. 하지만 점차 커가면서 내 마음에 다양한 색이 칠해졌다. 시간이 갈수록 덧칠이 거듭되어 겹겹이 쌓여갔다. 그러다가 더는 아빠의 사랑이 보이지도, 전해지지도 않는 지경까지 이르렀다.

그래도 아빠는 묵묵히 하던 대로 했다. 당신의 사랑이 자식들 가슴에 가닿는 면적이 점점 좁아져 갔는데도 말이다. 자식들이 더 알아주기를 바라거나, 서운해하지도 않았다. 그저 한결같은 크기의 사랑을 베풀었을 뿐이다. 그래서 더 미안하고 후회된다. 아빠의 귀한 사랑을 너무 오랫동안 잊은 채로 지낸 것이.

내가 어렸을 때 유행했던 노래가 있다. 어른이 되어서도 가끔 흥얼거릴 정도다.

'말하지 않아도 알아요. 눈빛만 보아도 알아요. 그냥 바라보면 마음속에 있다는 걸.'

텔레비전 광고에 나왔던 노래인데 참으로 따뜻하다. 노랫말에 나오는 '말하지 않아도 아는 것'은 바로 사람과 사람 사이의 아름다운 감정이다. 대표적으로 사랑이 되겠다. 하지만, 모든 사랑이 그런 것이 아님을 알아야 한다. 많은 자식이 부모의 사랑을 모른다. 어린 시절에는 선명하게 알고 있었던 사랑의 기억은 세월이 흐를수록 흐릿해진다. 그러다 한순간 잊어버린다. 너무나 당연히 받기만 했으니까.

그러니 나는 내 사랑을 알려주는 엄마가 되려 한다. 표현을 아끼지 않을 것이다. 아이들을 위해서다. 부모의 사랑을 잊고, 뒤늦게 깨달아서 후회의 눈물을 흘리는 일이 없도록.

-¦-

모든 순간의 감정을 나누고픈 사람

코로나 19가 지구를 덮쳤다. 어디를 가건, 누구를 만나건 마스크를 써야만 한다. 반년이 지났는데도 좀처럼 출구가 보이지 않는다. 그래도 라온이와 로운이는 여전히 명랑했다. 일곱 살, 다섯 살 사내아이답게 뜨거운 뙤약볕도 아랑곳하지 않고 쉼 없이 뛰어다녔다. 놀이터 미끄럼틀에서 바로 옆 그네로 옮겨갈 때도 걷는 법이 없었다. 때때로 한 자리에 서서 가쁜 숨을 몰아쉬면서도 마스크는 벗지 않았다.

유치원에 있는 동안에도 내내 마스크를 쓰고 생활했지만 즐거움은 계속됐다. 얼마나 신났던지 두 꼬마는 집에 오면 그날 있었던 일들을 들뜬 목소리로 전해주었다. 선생님이 매일 유치원 친구들의 모습을 찍어서 공유해주는데, 사진 속 꼬마들의 얼굴에 웃음꽃이 활짝 피어 있었다. 마스크에 코와 입이 가려졌지만 작고 귀여운 눈웃음만으로도 신난 마음이 충분히 전해졌다. 마스크의 답답함을 견뎌내는 아이들이 대견하면서도 안쓰러웠다. 사랑스러운 얼굴 전체를 온전히 볼 수 있는 날이 어서 오기를…….

코로나 19 속에서도 라온이와 로운이는 자신이 무엇을 해야 하는지를 알고 야무지게 실천했다. 비누로 손을 깨끗이 씻고, 엘리베이터에서 손 세정제를 바르고, 재채기할 때는 팔뚝으로 코와 입을 가렸다. 무엇보다 마스크 쓰기를 잊지 않았다. 외출할 때 마스크를 깜빡하고 나갈 뻔한 나를 일깨워주기도 했다.

그러던 어느 날, 라온이가 말했다.

"엄마 무궁화반에 김○○ 있잖아. 그 ○○이는 자꾸 마스크를 벗어."

"그래? 왜 그럴까? 꼭 써야 하는데."

"그건 몰라. 하지만 자꾸 벗어."

"아침에 유치원 왔을 때는 하고 있다가 벗은 거지? 혹시, 다시 써야 하는 걸 깜빡한 거 아닐까? 라온이가 얘기해주는 게 어때?"

녀석은 난감한 듯 웃기만 했다. 라온이에게 나의 제안은 상당한 도전이었다. 집에서는 개구쟁이지만, 유치원에서는 다섯 손가락 안에 들 정도로 얌전하고 수줍음 많은 아이니까.

지금은 많이 나아졌지만 유치원에 다니기 시작한 다섯 살에는 친구들과 어울려 놀지 않았다. 다 함께 체육 활동을 하는 시간에도 홀로 의자에 앉은 채 구경만 했다. 하지만 친구들에게 관심은 많았다. 자유롭게 노는 시간이면 멀찌감치 떨어져서 친구들을 지켜보다가 누군가 가위, 풀, 테이프를 찾으면 말없이 그 앞에 놓고 오곤 했다.

라온이는 여섯 살이 되어서야 친구들과 어울리기 시작했다. “엄마, 오늘은 유치원 친구 몇 명이랑 말했게?” 하며 자랑도 했다. 대화를 나누거나 함께 논 친구가 매일 한두 명씩은 됐다. 몇 개월이 지나자 라온이도 용기를 내서 먼저 다가가기도 했다.

그랬던 녀석이 일곱 살이 되자 완전히 달라졌다. 이제 막 유치원에 다니기 시작한 동생이 혼자 논다는 얘기에 흥분하며 말했다.

“로운아, 친구들이랑 노는 게 훨씬 재미있어!”

물론, 지금도 라온이보다는 친구들이 먼저 놀자고 말하는 경우가 대부분이다. 다른 남자아이들은 에너지를 뿜어내며 역동적으로 놀았지만 라온이는 주로 여자아이들과 책상에 둘러앉아서 놀았다. 유치원 생활 사진을 보면 모여 앉은 아이 중 남자아이는 라온이뿐이었다. 하지만 다섯 살 때를 생각하면 강산이 한 번 바뀐 변화나 다름없다. 나는 남자아이들과도 놀라는 말은 안 했다. 녀석이 편하게 느끼는 바를 존중해주고자. 어차피 여덟 살이 되면 또 달라질 게 뻔하니 기다리기로 했다.

다음 날도 라온이는 김○○이 마스크를 벗는다는 얘기를 전해줬다. 계속 신경이 쓰이는 모양이었다.

“아무래도 라온이가 꼭 얘기해주는 게 좋을 거 같아. 마스크는 다른 사람을 위해서도 쓰는 거지만, 그 친구를 위해서도 꼭 써야 해. 그러니까 ‘친구야, 건강을 위해서 마스크 쓰자.’라고 말해주는 게 어때?”

이번에도 수줍게 웃고만 있는 라온이에게 확신에 찬 얼굴로 말해줬다. 할 수 있다고, 친구를 위해서 해주는 게 좋다고. 하지만 차마 용기가 나지 않는 눈치였다.

며칠 뒤, 저녁을 먹던 라온이가 뭔가가 떠오른 듯 눈을 크게 떴다. 그러고는 목에 힘을 주며 말했다.

"엄마! 드디어 내가 김○○한테 마스크 쓰라고 했어!"

"우와! 정말? 어떻게 말했어?"

"김○○이 내 뒷자리에 앉거든. 내가 뒤를 돌아봤더니 또 마스크를 안 쓰고 있는 거야. 그래서 마스크를 쓰라고 했지."

"그래서? 라온이 말 듣고 바로 썼어?"

"아니."

"아……."

모처럼 용기를 냈는데 결과도 좋았더라면……. 하긴, 친구에게 말을 했다는 자체가 큰 의미가 있다. 그래서일까? 라온이에게는 실망의 기색이 전혀 없었다.

알고 보니 이야기가 끝난 게 아니었다. 녀석은 엄청난 무용담을 들려주듯 흥분하면서 말을 이었다.

"내가 마스크 쓰라고 얘기했을 때는 쓰지 않았어. 그런데 내가 잠깐 앞을 보고 있다가 다시 뒤를 돌아봤더니, 글쎄…… ○○이가 마스크를 쓰고 있더라고!"

"세상에나! 우리 라온이가 친구를 위해서 멋진 일을 해냈네! 기분이 어땠어?"

위대한 도전과 성공이었다. 녀석의 기분을 맞춰주려 나도 한껏 들뜬 사람처럼 반응했다. 답을 듣고 나면 호들갑스럽게 손뼉까지 칠 참이었다.

"'엄마한테 얘기해야지.'라고 생각했어."

"아아……."

나는 그대로 잠시 멈춤 상태가 되었다. 그 순간 머릿속에 떠오른 말이 있었다. 아이들로부터 가장 많이 듣는 말……. "엄마, 봐봐."였다.

"엄마, 봐봐. 내가 뭐 그렸게?"

"엄마, 봐봐. 이게 어떻게 로봇으로 변하는지 궁금하지? 내가 보여줄게."

"엄마, 봐봐. 우리 지금 너무 재미있게 놀고 있어!"

"엄마, 봐봐. 내가 유치원에서 뭐 가져왔게?"

"엄마, 봐봐. 거봉을 이렇게도 먹을 수 있다."

라온이와 로운이는 무엇이든 나에게 보여주고 싶어 했다. 내가 설거지나 빨래를 하는 중인데도 몇 차례나 무언가를 들고 와 보여주려 했다. 집중해서 봐줄 수 없는 상황인데도 말이다. 일이 다 끝나고 보겠노라 해도 녀석들은 꿋꿋했다. "간단한 거니까 금방 보면 돼." 하면서 나를 타이르기까지 했다.

물론, 아이들이 악착같이 내게 보여준 것들 중에는 그야말로 멋진 것도 있었지만, '이것까지는 굳이 나한테 안 보여줘도 되는데…….'라는 생각이 들게 하는 것도 있었다. 원하던 대로 내게 모두 보여준 뒤 산뜻한 걸음으로 돌아가는 두 꼬마의 뒷모습을 보며 때로는 생각했다. '언제까지 이래야 하는 걸까?'라고. 내가 너무 바쁘거나 몸에 기운이 없는 날조차도 "엄마, 봐봐."가 계속될 때는 쓴웃음이 나오기도 했다. 잠시만이라도 나를 그냥 내버려둬 주면 정말 좋겠다 싶었다. 심지어 녀석들이 나를 너무 귀찮게 하는 것 같기도 했다.

아이들은 왜 그리도 나에게 보여주고 싶어 한 걸까? 친구가 자기의 말대로 마스크를 쓴 걸 봤을 때 '엄마에게 얘기해야지.'라고 생각했다는 라온이를 보며, 비로소 나는 "엄마, 봐봐."에 담긴 마음을 이해했다.

라온이와 로운이는 모든 순간의 감정을 나와 나누고 싶었던 것이다. 아이들에게 나란 사람은 태어나서 지금까지 자신의 삶에 늘 함께해 온 중요한 존재다. 그리고 무슨 일이 있건 가장 먼저 떠오르는 사람이다. 아이들 덕에 나의 소중함을 새삼 깨달았다. 그 마음의 바탕에 '순수한 사랑'이 깔려 있기에 감동이 더 클 수밖에 없었다.

라온이에게 내가 지을 수 있는 최대한의 너그러운 미소를 보였다.

"친구가 라온이 말을 듣고 마스크 써서 엄청 기뻤을 텐데, 그 순간 엄마를 떠올렸구나. 우리 라온이가 엄마를 생각하는 마음이 참 크고 예뻐서 감동했어. 고마워."

아이들이 지금처럼 엄마를 가장 먼저 떠올리는 것이 영원할 리 없다. 언젠가는 앞자리에 내가 아닌 다른 누군가가 들어설 게 뻔하다. 친구, 연인, 동료, 스승……. 그 순간을 생각하며 서운해하거나 서글퍼할 생각은 없다. 그저 지금을 즐겨보련다. 영광을 누리고 있으니까. 사랑하는 두 천사에게 피어오른 모든 마음과 생각을 가장 먼저 접하는 것 말이다.

나 왜 때려? 하지 마!

다섯 살이 되어 드디어 유치원에 가게 된 로운이. 이제껏 가족과 떨어져 있었던 적이 없었지만 큰 거부감 없이 유치원 버스를 타지 않을까 싶었다. 일곱 살 형님 반에 다니는 라온이와 함께 타는 거니까. 버스 문이 열렸다. 씩씩하게 올라탄 형을 보더니 로운이는 내 손을 꼭 잡고 뒷걸음질을 쳤다. 선생님이 따뜻하게 웃으며 안아 올리려 하자 울음을 터뜨렸다. 결국 그날은 내가 유치원까지 따로 데려다주었다. 유치원 입구에서 선생님의 손을 잡고 교실로 향하는 녀석의 뒷모습이 안 보일 때까지 나는 그 자리에 서서 손을 흔들어주었다. 다음 날도, 그다음 날도 아침마다 같은 상황이 반복됐다. 닷새째 되던 날, 로운이는 형보다 더 크게 "다녀오겠습니다." 하고 외친 후 드디어 혼자 버스에 올라탔다. 라온이는 옆자리에 앉은 동생의 안전띠를 야무지게 매 주었다. 로운이는 유치원에 있는 동안 이따금 엄마가 보고 싶다며 울 때도 있었지만 대부분의 시간을 즐겁게 보냈다. 그 적응력이 대견했다.

우리 집 두 꼬마는 지지배배 재잘거리는 걸 즐긴다. 그 말을 다 들어주는 것이 피곤하기도 하지만 과묵한 것보다는 낫다. 덕분에 유치원에서 있었던 이런저런 일들을 알 수 있으니까. 녀석들은 시시콜콜한 얘기까지 하는 편이다. 유치원 밥이 엄청 맛있었고, 김치는 매워서 남겼고, 옆 짝꿍 젓가락이 떨어져서 주워줬고, 노래와 율동을 배웠고, 그림을 그렸고, 장난감 정리를 잘해서 칭찬 도장을 받았고…….

저녁 식사 후 양치질을 마친 로운이가 말했다. 유치원에 다닌 지 한 달이 될 무렵이었다.

"엄마, 김○○ 있잖아. 김○○는 유치원 친구들을 괴롭혀."

"그래? 어떻게?"

"막 괴롭혀. 때리기도 하고."

"그래? 로운이한테도 그랬어?"

"아니."

선생님에 따르면 로운이는 유치원에서 친구들과 말을 섞거나 함께 놀지는 않는다고 했다. 그저 유심히 지켜보는 걸 즐길 뿐이라고. 그래서인지 집에 오면 친구들의 행동을 얘기해주곤 했다. 김○○는 로운이가 자주 언급한 아이였다. 장난감 정리 시간에 혼자 논다면서.

그 아이가 친구를 때리기까지 하다니! 일단은 로운이의 말이 어디까지가 사실인지 파악해볼 필요가 있었다. 때로는 유치원에서의 일을 과장되게 말하기도 했으니까. 그런데, 녀석이 조심스럽게 말을 이었다. 김○○이 자신도 괴롭혔다고. 그러면서 왠지 시무룩한 표정을 지었다. 나는 알 수 있었다. 장난이나 과장이 아님을.

왜 처음에는 아니라고 했던 걸까? 기억이 안 나서였을 리가 없다. 갑자기 얘기를 꺼낸 것으로 보아 마음속에 계속 남아 있는 일인 것이 분명했다. 어떤 이들은 나쁜 짓을 당하면 분노하기도 하지만, 한편으로는 수치심을 느끼기도 한다. 자신의 잘못이 아님에도 말이다. 아마 로운이도 부끄러워서 선뜻 말하지 못했던 것 같다. 유치원에서 칭찬 스티커를 받으면 나를 보자마자 어깨에 힘을 주고 얘기하는 녀석이다. 그처럼 자랑하기에 재미를 들린 터라 친구에게 괴롭힘을 당한 사실은 더더욱 말하고 싶지 않았을 것이다. 그래도 용기를 내서 얘기를 꺼냈으니 녀석을 자극하지 않아야 했다. 나는 여느 때처럼 차분하게 물었다.

"로운이도 괴롭혔다고? 어떻게?"

"손을 이렇게 하고 내 등을 막 이렇게 했어."

녀석은 조그만 두 손으로 주먹을 쥔 채 허공에 대고 빠르게 두드리는 시늉을 했다. 그게 사실이라면 심각한 일이었다. 나는 조금 전보다 더 침착하고 부드러운 목소리로 물었다. 그때 기분이 어땠는지를. 녀석은 입술을 앞으로 내밀더니 고개를 좌우로 흔들었다.

"기분이 안 좋았구나. 그래서 로운이는 어떻게 했어?"

"아무것도 안 했어."

"혹시, 선생님은 그거 보셨어?"

"아니."

더 자세한 상황이 궁금했다. 하지만 로운이가 얘기하는 걸 불편해하는 눈치였다. 나는 더 묻지 않았다. 캐묻는 것보다 더 중요한 것이 있었으니까.

"로운아, 앞으로 그런 일이 있으면 그 친구한테 즉시 말해야 해. '나 왜 때려? 하지 마!'라고. 그리고, 선생님에게도 꼭 얘기해야 해. 안 그러면 김○○는 자신의 행동이 잘못되었다는 걸 모르거든. 어쩌면 그게 장난이었다고 생각할 수도 있어. 하지만 장난으로라도 다른 사람 몸을 그렇게 치는 건 절대 하면 안 되는 거야. 그건 장난이 아니라 괴롭힘이야."

"선생님이 친구 몸 만지면 안 된다고 했어."

"맞아. 다른 사람 몸에 함부로 손대는 거 아니야. 더군다나 때리는 건 더더욱 아니지. 그러니까 김○○가 아주 잘못했어. 근데 그걸 모를 수도 있으니까 하지 말라고 하면서 알려줘야 해. 김○○가 다른 친구들도 괴롭힌다고 했지? 혹시 하지 말라고 얘기한 친구 있었어?"

"아니."

"그것 봐. 아무도 말을 안 하니까 계속 그러잖아. 꼭 알려줘야만 하는 거야. 한 번 해보자. 만약 다음에 또 김○○가 로운이를 때리면 어떻게 할 거야?"

로운이는 '하지 마.'라고 했다. 평상시 목소리대로. 마치 '친구야, 더는 귀찮게 하지 말아줘.'라고 부탁하는 것 같은 말투였다.

"그렇게 말하면 상대방이 하지 말아야겠다는 생각을 안 해. 더 재미있어 할 수도 있어. 그러니까 좀 강하게 해야 해. 표정도 단호하게 하고. 이렇게. 나 왜 때려? 하지 마!"

"나 왜 때려? 하지 마!"

훨씬 나아졌다. 목구멍에 힘을 주어 굵게 낸 목소리가 앙칼지기까지 했다. 친구들과 사이좋게 지내라고 강조해도 모자랄 판에 이런 걸 알려주고 있다니! 하지만, 언제 또 비슷한 상황이 닥칠지도 모르니 녀석이 배우고 익혀야만 한다. 스스로가 자신을 지키는 방법을. 또한 상대방이 그 행동이 잘못임을 깨닫고 멈추게 해야 한다.

단호하게 말하는 연습을 재차 시켜주다가 문득, 한 지인의 얘기가 떠올랐다. 그분의 아들이 초등학생 때 학교에서 누군가에게 맞고 왔었다고 한다. 십여 년이 지난 일이지만 지인은 당시의 대처를 두고두고 후회하고 있다.

"그날 우리 애가 집에 오자마자 엄청나게 씩씩거렸었거든. 아무 잘못도 없는데 당한 게 너무 분해서 어찌할 바를 모르더라고. 그런데, 나는 그 흥분을 가라앉히려고 했었지. 무슨 일이 있었는지 차분하게 물었어. 혹시나 우리 애도 잘못한 부분이 있었을까 싶어서. 최대한 이성적이고 중립적으로 판단하려고 했어. 지금도 그게 너무 미안해. 내 아이의 마음을 알아주지 않았던 게. 그때, 내가 '감히 우리 아들을 때려!' 하면서 파르르 떠는 모습을 보였어야 했는데…… 일단 내 아들 편을 들어줬어야 했는데……."

지인은 평소에도 감정보다는 이성이 앞서는 편이다. 나도 그렇다. 그러니 지금 로운이에게 대처 방법을 침착하게 알려주고 있지 않은가! 친구가 자신을 때린 일을 마음속에 담아두었다가 조심스레 얘기를 꺼낸 아이에게 말이다. 그 사건은 녀석 마음 깊은 곳에 응어리로 자리 잡고 있을지도 모른다. 풀어주어야만 했다.

"그런데, 김○○ 가만히 두면 안 되겠네! 감히 우리 로운이를 때렸다고? 아 진짜! 우리 소중한 로운이를 때리다니! 엄마한테 그 어떤 것보다 소중한 보물인데! 엄마가 혼내줄까?"

나는 아랫입술을 깨문 채 콧바람을 연신 내뿜는 시늉을 했다. 성난 황소 같은 엄마 모습을 보는 다섯 살의 얼굴에 살며시 웃음꽃이 피었다. 그러고는 특유의 명랑함을 보이기 시작했다. 다시금 깨달았으리라. '세상에서 가장 든든한 내 편'이 있음을.

한편, 일부러 흥분한 척하며 내뱉었던 말 하나가 내 가슴을 쿵 쳤다. 소중한 로운이……. 이 중요한 사실을 반드시 알아야 하는 사람은 다름 아닌 로운이 자신이다. 녀석이 반드시 알아야만 한다. 그 누구도 함부로 대해서는 안 되는 소중한 존재임을. 그렇다면 누군가 자신에게 나쁜 행동을 했을 때 가만히 있을 리가 없다. 소중한 자신을 지키기 위한 행동을 자연스레 하게 된다.

"로운아, 앞으로 누가 로운이를 때리거나 괴롭히게 해서는 안 돼. 로운이는 소중한 존재니까. 만약 그런 사람이 있다면 그 순간 바로 강하게 말해야 해. '나 왜 때려? 하지 마! 나는 소중하단 말이야!' 자, 한 번 해보자."

"나 왜 때려? 하지 마! 나는 소중하단 말이야!"

"잘했어. 우리 로운이는 정말 정말 소중한 사람이야. 꼭 기억하자!"

녀석은 결의에 찬 눈빛으로 입을 야무지게 다문 채 고개를 끄덕였다. 옆에서 보고 있던 라온이가 유치원 버스에서의 목격담을 얘기해주었다.

"엄마, 그런데 저번에 어떤 친구가 옆자리에 앉은 친구 눈을 때렸어. 자기가 말하는데 들어주지 않는다고. 또 어떤 친구는 버스에서 내릴 때 앞에 서 있는 친구를 세게 밀었어. 빨리 가라고. 원래 내릴 때는 한 사람씩 천천히 내려야 하는데……."

과연 눈을 맞고, 밀침을 당한 친구들은 어떻게 했을까? 내 예상대로였다. 라온이가 말하길, 그 아이들 모두 가만히 있었다고 한다.

솔직히 조금은 당황스러웠다. 앙증맞은 순수가 넘치는 유치원에서 그런 어두운(?) 일이 있으리라는 생각을 미처 못했다. 이제라도 알게 되어 다행이었다.

"라온아, 만약에 유치원 버스에서 누가 로운이를 밀면 어떻게 할 거야?"

"내 동생 밀지 마!"

"그래. 그래야지. 그렇게 형아가 동생을 지켜주는 거야. 로운아, 만약에 유치원 버스에서 누가 형아를 밀면 어떻게 할 거야?"

"난 이렇게 할 거야. 우리 형아 밀지 마! 나한테 소중한 형아야!"

느리게, 한 글자씩, 또박또박, 암팡지게, 말하는 로운이. 그렇게 조금 전 알려주었던 걸 기억하고 응용까지 했다. 라온이도 재빨리 "나한테 소중한 동생이야!"를 덧붙여서 씩씩하게 말했다. 나는 "한 번 더!"를 거듭 외치면서 녀석들이 같은 말을 반복하게 했다. 다양한 상황을 예로 들면서 즉시 반응하는 것도 연습시켰다. 점점 갈수록 녀석들의 쩌렁쩌렁한 목소리와 단호한 표정이 무척이나 조화로웠다. 상대를 멈칫하게 하기에 충분했다.

"얘들아, 이 연습을 앞으로도 종종 할 거야. 라온이랑 로운이가 앞으로 만날 친구들 중에는 다정하고, 배려 잘하고, 착한 친구도 있지만, 그렇지 않은 친구도 분명 있을 거니까. 만화에서 악당이 많이 나오잖아. 그 악당들을 따라 하는 친구들이 있을 거야. 그게 잘못인지도 모르고 말이야. 그 친구들은 장난이라고 생각할 수도 있지만 그건 장난이 아니라 괴롭힘이잖아. 그러니까 누군가 너희에게 나쁜 행동을 하면 하지 말라고 큰소리로 단호하게 말해야 해. 그래야 너희 자신을 스스로 지킬 수 있고, 그 친구도 자기의 잘못을 알게 돼. 지금 같아서는 그렇게 할 수 있을 거 같지? 막상 그 상황이 닥치면 말을 쉽게 못 하게 되거든. 그러니까 연습이 필요한 거야. 앞으로 종종 연습하자."

"응!"

씩씩하게 답하는 녀석들의 머리를 쓰다듬어주는 내 마음은 씁쓸했다. 부디 연습한 것을 실제로 해볼 상황이 안 생기면 좋으련만…….

"오늘은 정말 중요한 대화를 나눴네. 로운이가 엄마한테 김○○ 얘기를 해주고, 라온이가 유치원 버스에서 있었던 일들까지 얘기해준 덕분이야. 고마워. 말을 안 했으면 엄마는 모를 뻔했어. 앞으로도 언제든지 얘기해줘. 그래야 엄마도 라온이랑 로운이를 지켜줄 수 있거든. 그래 줄 거지?"

"응!"

진지한 표정으로 답하는 것이 마치 요원 같았다. 중요한 임무를 해내고 자부심이 한층 올라간 특수 요원. 임무를 완수한 녀석들은 순식간에 장난꾸러기 다섯 살, 일곱 살배기로 돌아가서 서로의 배를 손가락으로 콕콕 찌르며 까르르거리기 시작했다.

아이들은 점차 세상으로 나아가고 있다. 아름다운 동화 같은 줄로만 알았던 세상이 늘 그렇지만은 않다는 것도 알아가면서. 앞으로 닥쳐올 수많은 일을 그 누구도 짐작할 수 없다. 녀석들은 그 속에서도 흔들리지 않고 반드시 지켜내야만 한다. 소중한 자신을. 그리고 밝은 마음을. 그것을 자신의 힘으로 해낼 수 있는 능력을 키워야만 한다. 녀석들을 위해 나는 무엇을 해줄 수 있을까? 천진난만하게 웃고 있는 두 꼬마를 말없이 바라보며 내 고민은 깊어졌다.

복을 부르는 주문

내가 어렸을 때부터 가족들에게 자주 들어온 말이 있다. 마흔이 넘은 지금까지도 여전히.

"신화 너는 복이 많은 아이니까……."

철부지였을 때는 좋은 일이 생기면 나의 타고난 복 덕분이라 여겼다. 서른 중반에 아빠와 갑작스레 영원한 이별을 한 후에야 깨달았다. 가족이 얼마나 소중한지를, 그리고 나의 행운이 그들 덕분임을. 아빠, 엄마, 두 언니가 내게 입버릇처럼 해준 말은 마법의 주문(?)이었다. 덕분에 많은 복이 걸음을 돌려 내게 찾아왔다. 돌이켜보면 가족들은 유독 내게 '복' 얘기를 많이 해주었다. 내가 막내로서 얼마나 넘치는 사랑을 받아왔고, 지금도 받고 있는지를 생각하면 가슴이 벅차기까지 하다.

복을 부르는 주문의 효과는 상당했다. 신기할 정도로 좋은 일들이 내게 자주 생겼으니까. 과학적으로 충분히 입증되지는 않았겠지만, 말은 분명히 엄청난 힘을 지녔다. 이는 나이가 들수록 자주 느끼는 바다. '복이 없다'라고 말하는 사람 중에 운이 좋은 사람을 나는 아직 본 적이 없다.

내 가족이 나에게 그랬던 것처럼 이제는 나도 누군가를 위해 주문을 외우고 있다.

"역시 우리는 복이 많은 사람이야."

라온이, 로운이와 함께 있으면 자주 하는 말이다. 아주 작은 일이어도 다행스러우면 어김없이 말한다. 주차장에 자리가 없어서 돌아다니다가 마지막 남은 한 자리를 발견했을 때도, 창밖에 폭풍우가 세차게 몰아치다 우리가 건물 밖으로 나갈 때 즈음에 빗발이 약해졌을 때도, 유치원 버스 시간에 맞추기 어렵겠다고 생각했는데 그날따라 버스가 늦게 도착했을 때도…….

아이들은 복에 관한 나의 얘기를 들었던 처음 몇 번은 "엄마, 왜? 왜 우리가 복이 많은 사람이야?" 하며 호들갑스럽게 물었다. 그러다 점차 시간이 지나자 "맞아!" 하면서 격하게 공감하기 시작했다. 그리고, 어느 순간부터는 공감에만 그치지 않았다.

일곱 살 라온이의 오른쪽 귀가 빨갛게 부었을 때다. 그 부기가 심했는데, 녀석의 표현을 빌자면 당나귀처럼 되었다. 모기의 습격에 당한 것이다. 몹시 가렵다며 힘들어하기에 나는 얼음 팩을 감싼 수건을 대줬다. 힘없는 아이를 유독 괴롭히는 모기가 괘씸하고, 라온이가 안쓰러웠다. 그래도 겉으로는 평온하게 반응하며 녀석을 안심시켰다. 시간이 지나면 괜찮아지고, 해님도, 꿈속의 요정도 열심히 치료해 줄 거라면서. 말없이 얼음찜질을 받고 있던 라온이가 내 손을 내리더니 아쉬워하며 말했다.

"하아, 난 옆으로 누워서 자는 게 편한데, 이제 이쪽으로 누워서 잘 수 없겠다."

하지만 금세 명랑한 표정을 지었다.

"그래도 다행이다. 난 이쪽(왼쪽)으로 누워서 자는 게 더 편해. 역시 난 복이 많다니깐!"

난 미처 생각하지 못했던 복이다. 모기에 물려서 벌겋게 부었는데도 자신이 복이 많은 사람이라고 하는 아이가 또 있을까? 나는 고개를 연신 끄덕이면서 "정말, 그러네. 정말 그러네."라고 했다. 그러고는 녀석을 꼭 안아주었다.

자신에게 일어나는 복된 일을 알아채는 능력은 다섯 살 로운이도 탁월했다. 아이들과 하천 길을 산책하러 갔을 때다. 오랜만에 가는 거라 더 오래 있고 싶었는데, 날씨가 허락하질 않았다. 하얗던 구름이 회색 옷으로 갈아입고, 곧 비를 뿌릴 태세를 갖췄다. 서둘러 집으로 걸어가는 길에 다섯 살 로운이가 말했다.

"그래도 다행이다. 다섯 개나 했잖아. 봐봐. 오리도 보고, 물고기도 보고, 꽃도 보고, 돌다리도 건너고, 운동도 하고. 역시 우린 복이 많다니깐!"

녀석의 말에 맞장구를 쳐주고 엉덩이를 토닥여주었다. 집에 거의 도착할 때쯤 비가 한두 방울 떨어지기 시작했다. 로운이가 앙증맞게 말했다.

"엄마, 나 비 한 방울 맞은 거 같아. 역시, 우리는 복이 많다니깐! 우리가 집에 거의 다 오니까 비가 오잖아."

이제 녀석들은 자신들이 복이 많은 사람임을 입버릇처럼 말하고 있다. 심지어 놀다가 넘어져서 바닥에 머리를 부딪쳤을 때도 "정말 다행이다. 여기(식탁 모서리)에 찧지 않았잖아. 역시 우리는 복이 많아." 하고 말한다. 너무 과하다 싶을 때도 있지만, 많이 한다고 해서 나쁠 게 없는 말이다. 나는 그때마다 활짝 웃으며 호응해주었다.

복을 부르는 주문은 돌고 돈다. 언젠가는 라온이와 로운이도 소중한 누군가를 위해 복을 부르는 주문을 외우게 되겠지. 내 가족이 내게 그랬고, 내가 내 아이들에게 그랬던 것처럼.

작은 인형 같은 아이도 얼마든지 할 수 있었던 게다.
소중한 사람을 위해 무엇이 최선인지 판단하고
행동으로 옮기는 것을.
내 마음속에 뜨거운 무언가가 올라왔다.
아이의 배려는 어른의 그것보다
몇 배나 더 크고 따사로웠다.

작은
인격체에게
배우다

아빠를 위하는 아이가 되는 방법

"라온아, 유모차 타고 갈까? 걸어서 갈까?"

신발을 신겨주며 묻는 아빠에게 생후 18개월 된 아들이 답했다. 두 주먹을 불끈 쥐며 "거!" 하고.

씩씩하게 공원까지 걸어간 라온이는 신나게 곳곳을 누볐다. 강렬한 빨간색의 점퍼를 입으니 귀여움이 더 도드라졌다. 얼핏 보면 움직이는 인형처럼 보였다. 초봄의 햇살도 그 귀여움에 반해 계속 따라다니며 머리끝에서 발끝까지 따사로움을 뿌려주었다.

공원에는 라온이의 발길을 붙잡는 것들이 많았다. 어르신들이 장기알을 장기판에 탁탁 내려놓는 소리, 요란하게 물줄기를 뿜어대는 분수, 유유히 헤엄쳐 다니는 연못 속 물고기들, 잔디 곳곳에 자유로이 누워있는 솔방울과 나뭇가지 들…….

라온이는 그날도 늘 뛰던 곳에서 뛰고, 늘 멈춰서는 그곳에서 구경하고, 늘 노는 잔디에서 솔방울과 나뭇가지 들을 주워서 내게 주었다. 공원에 갈 때마다 반복된 일이지만 내게는 늘 새롭게 여겨졌다. 육아의 세계에서 가능한 신비로움이다. 반복의 연속인데도 매번 새로운 것 말이다. 덕분에 지루할 틈 없이, 새로운 행복을 맛볼 수 있다.

집으로 가는 길, 아장아장 걷던 라온이가 아빠 앞에 서서 두 팔을 위로 뻗었다.

"아, 아."

안아달라는 그 청을 남편이 바로 들어주었다. 우리 집에서 녀석을 번쩍 안아줄 수 있는 유일한 사람이었으니까. 배 속에 동생을 품고 있던 나는 해줄 수 없었다.

둘째 임신을 확인했던 날, 라온이의 손을 잡고 말했다.

"라온아, 좋은 소식이 있어. 엄마 배 속에 라온이 동생이 살고 있대. 내년 여름에 태어날 거래. 그러면 동생이랑 신나게 놀 수 있어. 둘이서 책도 보고, 손잡고 공원 산책도 하고, 마주 보고 시소도 타고……. 동생이 생긴다는 건 정말 멋진 일이야. 완전히 신나지?"

한껏 들뜬 엄마를 보면서도 라온이는 차분하게 눈만 껌뻑였을 뿐이다. 나는 말을 이었다. 목소리 톤을 낮추고 진지한 표정을 지으면서.

"의사 선생님이 그러시는데, 동생이 배 속에 있는 동안에는 엄마가 무거운 걸 들면 안 된대. 그래서 동생이 태어날 때까지 엄마는 라온이를 번쩍 안아 줄 수가 없단다."

조금 전까지만 해도 별 반응이 없던 녀석이 동요했다. 내 말이 끝나자마자 자리에서 일어나서 양팔을 위로 뻗고 "아, 아." 했다.

"앞으로 라온이를 번쩍 안아주는 건 아빠만 해줄 수 있어. 만약 엄마가 해주면 엄마와 동생이 아플 수가 있거든. 그러니까 도와줄 수 있을까? 엄마랑 동생의 건강을 위해서. 대신에 엄마는 라온이가 안아달라고 할 때마다 이렇게 해줄게."

라온이를 힘주어 끌어안고는 등을 부드럽게 쓰다듬어주었다. 조금 전까지 떼를 쓰던 꼬마는 엄마의 품에서 순한 양이 되었다. 하지만 머리로는 이해해도 습관 때문에 받아들이지 못하는 일이 있게 마련이다. 라온이는 언제든 원하면 안아 올려주던 엄마에게 익숙했던 아이다. 때문에 그날 이후에도 때때로 내 앞에서 두 팔을 위로 뻗고 "아, 아." 하고 외쳤다. 하지만 몇 번의 시도에도 소용이 없자 결국 받아들였다. 엄마는 심장을 맞대고 꼭 안아줄 수만 있는 사람임을.

기분 좋게 공원 나들이를 마친 뒤, 아빠의 팔뚝에 엉덩이를 대고 앉아 집으로 향하는 행복감이란! 라온이는 공중에 뜬 다리를 가볍게 흔들기도 하고, 나와 눈을 맞추며 씩 웃어 보였다. 구름 위를 날아다니는 것 같은 표정이었다.

남편이 어느 정도 가다가 멈췄다. 이제는 제법 무게가 나가는 아들을 안은 채 집까지 갈 수는 없는 노릇이었다. 라온이가 걷는 것에 더욱 흥미를 갖기를 바라는 마음도 있었다.

"라온아, 이제 걸어볼까?"

"아, 아."

"그럼, 저기 편의점까지만 안아주는 거다. 그다음부터는 라온이가 걸어야 해."

먹구름이 퍼졌던 녀석의 얼굴에 다시 해가 비쳤다. 지나가는 사람들, 차도를 달리는 자동차를 구경하는 여유도 부렸다.

"자, 편의점에 다 왔다. 이제 걸어볼까?"

"아, 아."

"여기까지만 안아주기로 했잖아. 자, 이제 걷자."

"아, 아."

다급하게 말하며 고개를 저어대는 아들의 모습에 남편의 마음이 약해졌다. 결국, 횡단보도 앞까지만 더 가서 내려주기로 했다.

다른 때 같으면 그냥 내려놓으라고 말했을 나였지만 잠자코 있었다. 남편과 나는 서로를 향해 고개를 끄덕여주었다. 두 사람 다 충분히 이해했다. 모처럼 찾아온 기회를 어떻게든 길게 누리고픈 라온이의 마음을. 만약 엄마가 예전처럼 언제든 높이 안아줄 수 있다면 이렇게까지 버티지 않았으리라. 좀처럼 떼를 안 쓰는 아이가 이렇게까지 안간힘을 쓰니 안쓰럽기까지 했다.

드디어 횡단보도 앞. 남편이 다리를 구부려 자세를 낮췄다. 라온이는 필사적으로 고개를 저어대며 두 팔로 아빠의 목을 더욱 힘껏 감쌌다.

"아! 아!"

그 힘이 어찌나 세던지 남편은 목에 담이 걸린 사람처럼 고개를 돌리지도 못했다. 그저 같은 말만 반복했을 뿐이다.

"라온아, 잠깐만. 라온아, 잠깐만."

여기저기서 들려오는 소리에 웃음과 혀를 끌끌 차는 소리가 뒤섞였다. 횡단보도 앞에서 기다리던 사람들이 우리를 구경했다. 라온이는 헤엄치듯 발버둥까지 쳐대며 저항했다. 발을 땅에 닿게 하는 일이 결코 없게 하려는 굳은 의지가 보였다.

남편은 이러지도 저러지도 못하고 헛웃음만 쳤다. 내가 나서야만 했다. 나는 라온이의 등을 부드럽게 쓰다듬으며 말했다.

"라온아, 잠깐만. 엄마 얘기 좀 들어줄래?"

막무가내인 꼬마를 진정시키는 것은 일단 성공했다. 잠시 침묵이 흘렀다. 이제 어떻게 하면 좋을까? 여기까지만 안아주기로 했으니 내려와야 한다고 다시 강조해봤자 소용없을 게 뻔했다. 녀석이 약속을 지키지 않고 있음을 알려주는 것뿐이니까.

데일 카네기의 인간관계 원칙들 중, 내가 특히 좋아하는 것이 있다. 과연 생후 18개월 아이에게도 통할지 모르겠지만 도전해보기로 했다.

J. 피어폰트 모건은 인간의 심리를 분석한 글에서, 인간이 어떤 행위를 하는 데에는 두 가지 이유가 있다고 했다. 하나는 그럴듯하게 보이는 이유이고 또 하나는 진짜 이유이다. 행위를 하는 사람은 그 진짜 이유를 알고 있다. 그러므로 당신이 그 점을 강조할 필요는 없다. 그러나 우리는 사실 내심으로는 모두 이상주의자이므로 그럴듯해 보이는 이유를 좋아한다. 그러

므로 사람들을 변화시키기 위해서는 좀 더 고상한 동기에 호소해야 한다.

-《인간관계론》 중에서(데일 카네기)

"아빠가 라온이를 계속 안고 계시면 허리가 아파. 라온이도 허리 아플 때 있지? 그때마다 엄마가 허리 마사지해주지? 그러니깐 아빠 허리 안 아프시게 이제 내려와서 걸을까?"

라온이는 잠시 생각에 잠겼다가 입을 뗐다.

"거."

"뭐? 걸어가겠다고?"

녀석이 고개를 끄덕인 뒤, 아빠 목을 감쌌던 팔을 풀자 나도 모르게 탄성이 나왔다. 나는 라온이에게 아빠를 위하는 아이가 되는 방법을 알려주었던 것이다. 녀석에게 있어서 '멋진 효자'가 된다는 것은 '고상한 동기'였기에 기분 좋게 내 말을 따랐다. 데일 카네기의 방법은 이렇게 작은 아이에게도 통했다.

작은 인형 같은 아이도 얼마든지 할 수 있었던 게다. 소중한 사람을 위해 무엇이 최선인지 판단하고 행동으로 옮기는 것을. 내 마음속에 뜨거운 무언가가 올라왔다. 아이의 배려는 어른의 그것보다 몇 배나 더 크고 따사로웠다.

단순함과 솔직함

단순함

라온이가 머리를 대고 눕는 자리의 천장은 두 얼굴을 지녔다. 어두운 밤에는 은은하게 빛나서 보는 이로 하여금 미소를 짓게 한다. 백 개가 넘는 별 모양 야광 스티커의 빛이다. 하지만 밝은 낮에는 볼품없는 민낯이 고스란히 드러난다. 위치는 제멋대로고, 바닥으로 떨어지지 않도록 투명 테이프까지 덧붙여져 있다. 그런데 나는 그 모습을 좋아한다. 누군가의 따뜻한 노고를 그려볼 수 있으니까.

천장의 스티커는 내가 이사 오기 전부터 있었다. 즉, 전에 이 집에 살던 사람의 투박한 솜씨가 만들어낸 작품이다. 그는 아마도 의자 위에 선 채 고개를 뒤로 젖히고 양팔을 위로 최대한 뻗었을 것이다. 스티커 한 장을 천장에 붙이고, 손가락으로 꾹꾹 누르고, 그 위에 투명 테이프를 붙여서 다시 꾹꾹 누르고……. 같은 동작을 백 번 넘게 하느라 목덜미는 뻐근하고 양팔은 후들거렸을 텐데 어떻게 참았을까? 옆에서 손뼉 치며 폴짝거리는 어린 자식의 응원이 있었기에 가능했으리라.

천장 별의 탄생 이야기(물론 나의 상상이지만)를 라온이에게 해주었다. 생후 29개월의 아이가 나와 같은 감동을 했을지는 알 수 없다. 다만, 그 후로는 불을 끄고 누우면 들뜬 목소리로 "엄마, 별 보인다!" 하고 외쳤다. 그러고는 천장을 응시하다가 스르륵 꿈나라로 갔다.

별빛이 유난히도 영롱했던 어느 밤, 고요함 속에서 별을 감상하다가 갑자기 꼭 해주고픈 말이 떠올랐다.

"엄마는 오늘도 라온이 덕분에 행복했어."

라온이는 아무런 대꾸도 안 했다. 잠들지도 않았으면서. 나는 개의치 않았다. 그저 그 순간의 감정을 표현하고, '행복'이라는 말을 한 번이라도 더 들려주고 싶었을 뿐이다. 내가 라온이를 재우는 날이면 늘 같은 얘기를 해주었지만, 돌아오는 반응은 없었다. 문득 궁금해졌다. 혹시 나 혼자만 행복에 취해있는 건 아닌지……. 결국, 물어봤다.

"라온이는 어땠어?"

"라온이도 행복했어."

"그래? 라온이는 왜 행복했어?"

일단은 다행이었다. 사실, 내심 조마조마했었다. 라온이는 눈을 뜨고 있는 모든 시간을 나와 함께했다. 어린이집에 다니지도 않았고, 문화센

터나 키즈 카페에도 가본 적이 없었다. 집 앞 놀이터나 공원에 산책하러 나가는 것이 고작이었다. 대부분의 또래 친구들이 즐기는 텔레비전이나 휴대폰 영상을 보지도 않았다. 다시 말해서, 엄마 이외의 다른 요소로 행복을 경험할 기회가 적었던 것이다. 나는 내가 할 수 있는 최선을 다해서, 어떻게든 다양한 즐거움을 만들어주고자 늘 고민했었다. 그간의 노력이 헛되지 않았음을 확인하니 얼마나 흐뭇했는지 모른다. 과연 어떤 것이 행복으로 이어진 걸까? 라온이는 곧바로 답했다. 한 글자씩 또박또박 발음하며.

"엄. 마. 가. 밥. 주. 니. 까!"

"아…… 그랬구나……."

부풀었던 내 마음이 풍선에서 바람이 빠지듯 서서히 탄력을 잃었다. 무엇을 기대했는지 정확히 모르면서도 왠지 아쉬웠다. 하지만 곧 미소가 피어올랐다.

"그럼 앞으로도 라온이가 행복할 수 있도록 맛있는 밥 많이 해줄게."

"응."

몇 분 뒤, 방안은 잠든 아이의 쌔근대는 숨소리와 천장 별들의 소곤대는 반짝임이 어우러졌다. 나는 살금살금 걸어서 거실로 나와 밝은 전등 아래 앉았다. 그리고 휴대폰에서 찾은 사진 한 장을 보며 고개를 끄덕였다. 사진 속에는 내 눈을 쏙 빼닮은 꼬마가 하회탈처럼 웃고 있었다. 음식이 한가득 담긴 식판을 앞에 두고.

라온이는 자신이 무엇 덕분에 행복한지를 바로, 명확하게 말했다. 자기 자신에 대해 잘 알고 내면의 소리를 들을 수 있어서다. 그것은 높은 수준의 '단순함'에서 비롯된 것이다. 덕분에 녀석은 어떤 문제든 단순화시킬 수 있고 어려움 없이 핵심을 짚어낸다. 그래서 나는 이 꼬마가 종종 부럽다. 이런저런 생각들로 머릿속이 복잡해지고, 그 때문에 갈피를 못 잡곤 하는 나로서는.

솔직함

라온이와 어깨를 나란히 하고 누운 날이면 나는 어김없이 천장 별빛을 보다가 말해주었다. 녀석 덕분에 행복했다고. 라온이의 반응은 한결같았다. 일단 침묵하다가 내가 물어봤을 때야 자신도 행복했다고 했다. 그 이유를 물으면 늘 "엄마가 밥 주니까."라고 답했다.

오랜만에 라온이와 함께 누운 어느 밤이었다.

"엄마는 오늘도 라온이 덕분에 행복했어."

"왜?"

전과는 다른 반응에 순간 당황했지만 태연한 척하면서 천천히 답했다.

"음…… 엄마는 라온이랑 항상 함께할 수 있고, 라온이가 늘 엄마 곁에 있어서 행복해. 또…… 라온이가 웃는 모습, 밥 잘 먹는 모습, 신나게 노는 모습들이 참 예뻐. 라온이의 그런 모습들을 보면 엄마는 참 행복해."

정성껏 답하느라 애는 썼지만 장황해지고 말았다. 나의 긴 대답을 잠자코 다 들은 라온이가 또다시 물었다. 세상 그 누구보다 상냥하고 순한 아이의 말투로.

"라온이가 로운이 밟고, 라온이가 로운이 머리 잡아당기고……, 이거는?"

말문이 막히고 말았다. 사실, 낮에 라온이를 무섭게 혼냈었다. 생후 7개월 된 동생의 머리를 밟고, 머리카락을 암팡지게 쥐고 잡아당겼으니까. 라온이는 호된 꾸지람에 그 자리에 선 채 서럽게 울었지만, 나는 달래주지 않았었다. 자지러지게 우는 로운이를 안고 진정시켜야 했다. 때마침 녀석이 배도 고파 하고 졸려 해서 방으로 데려갔다. 로운이를 젖먹이고 잠을 재우는 동안 마음이 편치 않았다. 거실에서 혼자 울고 있는 라온이 생각에.

동생이 태어나기 전에는 단 한 번도 혼난 적이 없던 라온이다. 워낙 조심성 있고 얌전한 편이기도 했지만, 내 마음의 여유가 녀석의 어떤 행동도 너그럽게 받아주었다. 그런데, 둘째가 태어나자 육아의 차원이 달라졌다. 매일 이른 아침부터 늦은 밤까지 궁둥이를 붙이고 앉아 숨을 돌릴 틈이 없었다. 집 안을 잰걸음으로 누볐지만 해야 할 일이 탑처럼 쌓였다. 손목, 어깨, 허리…… 어느 한군데 성한 곳이 없었는데도 무쇠 로봇처럼 일을 척척 해내는 것이 신기할 따름이었다.

몸만 힘들었다면 그나마 나았을 텐데, 마음을 옥죄는 일도 다반사였다. 기저귀에 똥을 싼 둘째의 엉덩이를 씻겨주고 있는데 라온이가 달려와서 "똥 마려워!" 하고 외치는 경우. 조금만 기다려줄 수 있냐고 했지만 "급해! 급해!"라는 답만 돌아왔다. 엉덩이 사이를 손바닥으로 막은 채 동동거리는 라온이를 속히 변기에 앉혀주어야 했다. 하지만 둘째를 맑은 물로 한 번 더 헹궈주는 것도 마저 해야만 했다. 머릿속이 새하얘지고 손놀림이 빨라졌다. 등줄기는 땀으로 젖었다. 둘째를 마른 수건 위에 눕혀 놓기 무섭게 라온이에게로 달려갔다. 다행히 우려했던 일(?)은 벌어지지 않았다. 하지만 1초라도 늦었다면 난감할 뻔했던 아찔한 순간이었다.

어디 이뿐이랴. 긴박한 상황들은 매일같이 쏟아졌다. 아이들이 내 손길을 동시에 필요로 하는 여러 순간들이. 그때마다 심장이 쪼그라들었지만 심호흡을 하며 버텼다. 나는 매일 생각했다. 정말이지 육아는 '2인 1조'로 해야 한다고.

두 아이를 키우면서 몸과 마음이 만신창이가 됐지만, 추스를 새도 없었다. 새롭게 쌓여가는 일들이 나를 잡아끌었고, 나는 그저 내가 할 수 있는 최선을 다했다. 그런데도 만족감보다는 가슴에 돌덩이가 얹힌 듯한 답답함을 느낀 적이 더 많았다.

그나마 다행인 것은 라온이가 동생을 질투하지 않았다는 점이다. 내가 전보다 녀석을 많이 안아주지도, 놀아주지도 못했는데 말이다. 라온이가 아침에 눈을 뜨면 제일 먼저 하는 일은 자는 동생 곁으로 가서 가만히 바라보는 것이었다. 밥을 먹거나, 화장실을 가거나, 낮잠을 잘 때를 빼고는 대부분의 시간을 동생 주위에서 보내며 놀았다. 이따금 동생이 칭얼댈 때는 가슴을 토닥이며 달래주기도 했다.

내가 로운이를 돌보고, 집안일을 하느라 라온이는 혼자 노는 시간이 많아졌다. 하지만 심심해하지 않고 무엇을 하건 마냥 신나 했다. 형이 되고 나니 점점 장난꾸러기가 되었는데, 그 덕분에 혼자서도 즐거운 나날을 보낼 수 있게 된 것이다.

그런 라온이가 참으로 기특했다. 따라서 녀석이 사고(?)를 쳐도 웬만하면 부드럽게 타일렀다. 하지만 혼쭐을 낼 때도 있었다. 동생을 상대로 위험한 장난을 칠 때였다. 초반 몇 번은 부드럽게 타일렀지만 소용없었기에 엄한 표정과 말투로 혼을 내기 시작했다.

라온이가 동생 머리에 위험한 장난을 쳐 더 호되게 혼났던 그 날, 나는 복잡한 마음으로 로운이를 재우고 거실로 나왔다. 혼자 그림책을 보고 있는 라온이에게 다가가서 두 팔로 꼭 감싸 안아주었다가 풀었다. 초승달 같은 눈을 하며 내게 천진난만하게 웃어주는 그 모습에 뜨거운 무언가가 내 목구멍으로 훅 올라왔다. 나는 내가 지어 보일 수 있는 가장 따뜻한 미소로 화답했다. 그리고, 녀석이 해맑은 표정으로 내민 그림책을 읽어주었다.

낮에는 세상에서 가장 무서운 엄마처럼 혼쭐을 냈으면서, 고요한 밤이 되자 "엄마는 오늘도 라온이 덕분에 행복했어."라고 했으니……. 라온이의 "왜?"라는 물음을 충분히 이해할 만했다. 분명 말하지만, 내 말은 진심이었다. 천장 별의 마법이라고나 해야 할까? 푹신한 베개에 누워서 머리 위의 은은한 빛을 보고 있노라면 그날의 좋았던 기억만 떠올랐다. 낮에 라온이를 혼냈던 기억도 별빛에 가려졌다.

하지만 라온이는 그 기억을 꺼내어 내게 물었다. 동생을 괴롭힌(?) 행동을 했어도 여전히 자신이 예쁜지를. 마음이 불편했다. 내게 혼났던 서운함에 일부러 그러는 건가 싶기도 했다. 질문에 담긴 의도(?)를 헤아려 보려다가 순간 깨달았다. 생후 29개월의 꼬마가 천진난만하게 물으면서 또 다른 마음을 품었을 리 없음을.

녀석은 그저 궁금하고 헷갈렸을 뿐이다. 지금 엄마의 말과 낮에 보였던 행동 사이에 있는 거리 때문에. 그래서 물어봤던 것 뿐이었다. 네 살 꼬마는 고개를 갸웃하는 바가 있으면 꾸밈없이 솔직하게 물을 줄 안다. 그리고 그건 최고의 방법이다. 하지만 마흔 살인 내가 라온이처럼 못할 때가 있다. 일단 묻는 것 자체를 주저한다. 어떻게 묻는 것이 최선인지 고민하거나, 행여 질문으로 상황이 오히려 나빠지면 어쩌나 염려해서다. 그렇게 주저하다가 질문할 때를 놓치기도 하는데, 그 때문에 더욱 안타까운 일이 벌어지기도 한다. 풀리지 않는 의문이 오해로 바뀌는 것 말이다.

이제 라온이의 물음에 답을 해줄 차례다. 잠시 고민 끝에 결심했다. 녀석의 방식대로 하기로. 꾸밈없이 솔직하게.

"음…… 엄마는 라온이의 모습 대부분이 예쁘지. 아주 가끔은 안 예쁜 모습도 있어. 라온이가 로운이를 밟고, 로운이 머리를 잡아당기고, 휴지를 막 뜯어서 아무 데나 버리고, 설거지통에 아무거나 집어넣고 그런 건 안 예뻐. 하지만 안 예쁜 건 아주 아주 조금이고 대부분이 예뻐."

"그래?"

"그러엄. 물론이지."

라온이는 천장을 바라보다가 이내 꿈나라로 갔다. 천장의 별빛이 소곤거리며 쌔근쌔근하는 아이를 포근하게 감싸주었다. 아이의 현명함을 또 한 번 깨달은 날이었다.

-¦-

훌륭한 경청가

대개 아이들은 '엄마', '사과', '까까' 같은 짧은 단어로 말하기를 시작한다. 그렇게 익숙한 몇 단어를 반복하다가 점차 표현할 수 있는 단어 수를 늘려간다. 내 조카도, 내 친구의 아이도, 놀이터에서 봤던 아이들도 모두 그랬다. 그런데 라온이는 달랐다. 공원에 가면 사람들의 시선이 우리에게 쏠린 이유다. 그들의 '거 참 신기하네'라는 반응에도 나는 개의치 않고 계속했다. 생후 14개월 된 아이와의 대화를.

"라온아, 지금 기분이 어때?"

"조."

"좋아? 엄마도 참 좋다. 그런데, 지금 손에 들고 있는 게 뭐야?"

"소."

"솔방울이구나. 우와, 너무 예쁘다. 그거 어디에서 난 거야?"

"주."

"주웠구나. 여기에도 여러 개가 있는데 이걸 다 어디에서 주웠어?"

"자."

"잔디에서 주웠구나. 아까 잔디에 이것저것 많이 있었지? 뭐가 있었더라?"

"꼬."

"그래, 꽃이 있었고. 또 뭐가 있었더라?"

"나."

"그래, 나뭇잎도 있었네. 우리 라온이가 다 기억하고 있구나."

라온이는 단어가 아닌 첫 한 글자만 말했다. 하지만 셀 수 없이 많은 말을 할 수 있었다. 덕분에 나의 어떤 질문에도 막힘없이(?) 대답했다. 우리는 서로와의 대화를 즐겼다. 녀석은 내 얘기를 귀뿐만 아니라 수정 구슬처럼 반짝이는 눈으로도 빨아들였다. 내가 질문을 하면 '한 글자'로 냉큼 대답한 후에 내 눈을 응시했다. 녀석의 답을 내가 제대로 된 단어로 바꿔서 다시 말해주면 만족감을 드러냈다. 나와의 대화가 쌓일수록 자신감이 높아져서 목소리도 커졌다.

꽉 채워진 자신감으로 용기를 키운 라온이는 대화 상대를 점차 넓혀갔다. 한 번은 사레들려서 콜록거리는 할머니에게 쏜살같이 달려갔다.

"하, 무."

"어이구 우리 라온이 왔어. 뭐라고?"

"하, 무."

"하무? 그게 뭐지?"

라온이는 같은 말을 반복해서 외쳤다. 이글거리는 눈빛을 할머니에게 향한 채. 함박웃음을 머금고 손자의 눈을 뚫어지라 바라보던 친정엄마는 이내 안타까워했다.

"아휴, 신화야. 지금 라온이가 뭐라는 거냐?"

"할머니 물 드시라네요."

"아아, 물 마시라는 말이었구나. 어이구, 예쁜 내 강아지."

손자를 껴안고 엉덩이를 토닥거리는 할머니의 눈가에 행복의 곡선이 펼쳐졌다. 할머니 품에 안긴 채 나를 쳐다보는 라온이의 얼굴에서도 흐뭇함이 엿보였다.

"우리 아들 정말 멋지다. 기침하시는 할머니를 위해서 물도 챙기고. 아주 효심이 깊어."

내가 엄지를 척 세우며 미소를 보내자 녀석은 두 눈으로 초승달을 만들었다.

친정엄마뿐만 아니라 모두 라온이의 말을 못 알아들었다. 내가 통역을 해줘야 수수께끼를 푼 듯 고개를 끄덕이며 후련해했다. 라온이는 말을 할 때마다 늘 엄마가 나서 줘야 했지만 실망하거나 속상해하지 않았다. 자신의 말을 제대로 알아주는 이가 단 한 사람이라도 있다는 것 자체가 녀석에게는 든든한 일이었다. 한때는 아무도 못 알아들어서 답답함을 삭여야만 했으니까.

라온이가 생후 93일 되었을 때다. 든든하게 젖을 먹고 트림도 시원하게 한 후 이불에 누워서 가만히 천장을 바라보는 아기의 기분이란……. 배도 부르고 등도 따뜻하니 얼마나 행복했겠는가. 평화롭게 포만감을 즐기던 녀석이 갑자기 허공에 손발을 연신 휘저으면서 옹알이를 하기 시작했다. 나는 언제나 그랬듯 그 곁으로 다가가 맞장구를 쳐주었다.

"어이구, 우리 라온이가 그랬어? 그랬구나. 그래서 또 어떻게 됐어?"

그날따라 옹알이에 힘이 넘쳤다. 문밖에 누군가 있었다면 집에 돌고래가 사는 게 아닌지 생각했을 것이다. 드넓은 바다를 힘차게 헤엄치는 아기 돌고래의 맑은 삑삑거림이 집 안을 채웠다. 덩달아 내 기분도 좋아져서 목소리를 높였다.

"우리 라온이가 지금 기분이 아주 좋은가 보구나!"

녀석의 옹알이 삼매경은 십 분이 넘도록 계속됐다. 문득 느낌이 이상했다. 마냥 신나 하는 것으로만 보이지 않았다. 웃음기도 전혀 없었고, 애타게 무언가를 말하는 것 같았다. 나는 어떻게 반응해줘야 할지 감이 안 잡혔다. 일단 하던 대로 맞장구를 한 번 더 쳐주었다.

"어유, 그랬구나. 그래서 어떻게 됐어?"

내 말이 끝나자마자 라온이의 작은 콧구멍에서 깊은 한숨이 터져 나왔다. 너무 답답할 때 한숨을 내뱉는 건 어른이나 아기나 다를 게 없었다. 즉시 녀석의 기저귀를 확인했다. 구름처럼 새하얗고 뽀송뽀송했다. 이마를 짚어보니 열도 없었다. 도대체 무엇 때문에 악을 쓰고 있는 건지……. 뭐든 해주고 싶은데 도통 감이 잡히지 않았다. 하는 수 없이 녀석의 가슴과 배를 부드럽게 쓰다듬으며 솔직하게 말했다.

“라온아, 하고 싶은 말이 있는데 엄마가 못 알아들어서 답답한 거야? 미안해. 엄마도 우리 라온이가 하는 말 다 알아들으면 정말 좋겠다. 앞으로 그렇게 될 거야. 더 노력할게.”

그제야 돌고래 소리가 멈췄다. 고요 속에서 우리는 잠시 서로의 눈을 바라봤다. 그날 내게 하려던 말은 과연 무엇이었을까? 지금도 가끔 궁금하다.

라온이의 ‘한 글자’ 말하기가 시작된 후부터는 그처럼 안타까운 일이 더는 없었다. 말하기에 재미를 붙인 녀석을 위해 나는 질문을 이어가며 기회를 계속 만들어주었다. 우리는 다양한 주제로 대화를 나눴다. 음식, 물건, 동물, 책, 놀이, 그림, 음악, 가족, 날씨, 추억, 여행, 꿈, 건강, 배려, 행복……. 라온이와의 대화는 내게도 상당한 기쁨이었다. 앵두 같은 입술에 힘을 주며 또렷하게 발음하려는 모습을 보노라면 가슴이 벅차기까지 했다. 또한 녀석의 말을 나 혼자만 알아듣는 것이 제법 짜릿하기도 했다.

그렇게 6개월이 지났을 무렵, 택배로 온 ‘사과 상자’를 보고 라온이가 외쳤다. 그 순간 나는 상자에 붙은 테이프를 뜯다 말고 눈을 휘둥그레 떴다. 라온이는 조금 전보다 더 큰 소리로, 더 정확한 발음으로 말했다.

“사과 먹어(사과 먹을래)!”

“우와! 우리 라온이가 드디어 단어까지 말하네. 정말 정말 축하해. 너무 좋다.”

나는 녀석을 꼭 안아준 뒤, 지금 기분이 어떤지 물었다. 라온이는 잠시 나를 물끄러미 바라봤다. 그러고는 목구멍에 잔뜩 힘을 주었다.

"사과 먹어!"

그날부로 라온이의 조그만 입에서 많은 말들이 쏟아져 나왔다.

"솔방울 찾아(솔방울 찾아볼래)."

"나뭇가지 만져(나뭇가지 만져볼래)."

"비둘기 쫓아(비둘기 쫓아갈래)."

"여기에 넣어(여기에 넣어야 해)."

"소매 접어(소매 접어 줘)."

"퍼즐 맞춰(퍼즐 맞추고 있어)."

"번쩍 안아(번쩍 안아 줘)."

이처럼 짧은 문장은 기본이요, 제법 길이가 있는 문장도 거뜬히 해냈다.

"라온이 옆에 아빠 앉아(라온이 옆에 아빠가 앉아야 해)."

"라온이 의지로 손 씻어(라온이 의지로 손 씻을 거야)."

"형아 다 타고 라온이 미끄럼 타(형아들 다 타면 라온이가 미끄럼 탈 거야)."

막혔던 샘물이 뚫린 듯 콸콸 넘쳐났다. 이 앙증맞은 아이가 생각을 술술 말로 풀어내는 것을 보면 감격의 파도가 일었다. 너무나도 고마워서.

녀석의 말은 모두 내 입에서 나왔던 표현이었다. 수개월 간 계속된 나의 얘기를 허공 속에 날려버리지 않고, 기억의 창고에 차곡차곡 쌓아두었다가 마침내 하나씩 꺼낸 것이다. 돌이켜보면 라온이는 나의 모든 얘기를 보물 다루듯 했다. 온 신경을 집중해서 하나라도 놓치지 않으려 하고, 반짝이는 눈빛으로 계속 재촉했다. '엄마가 하는 모든 얘기가 좋아요. 더 듣고 싶어요. 계속 얘기해주세요.' 그 모습에 내 입이 저절로 열렸다. 쉴 새 없이 말하면서도 지칠 줄 몰랐다. 아이는 이렇게 엄마를 기분 좋은 수다쟁이로 만든다.

라온이는 훌륭한 경청가였다. 녀석에게서 모리 슈워츠 교수가 느껴졌다. 《모리와 함께한 화요일》로 유명한 그 교수 말이다. 그의 제자 미치 앨봄은 죽음을 앞둔 노 교수인 모리와 매주 화요일마다 만나서 나눈 대화를 책으로 펴냈다.

> 모리 교수님은 누구와 함께 있으면,. 완전히 그 사람과 함께 했다. 교수님은 상대방의 눈을 똑바로 응시하고 세상에 오직 그 사람밖에 없는 듯 이야기를 들어 주었다. (중략)
> "내가 자네와 얘기를 할 때면, 나는 오직 지금 우리 사이에 일어나고 있는 일들에만 집중하려고 노력한다네. 우리가 지난 주에 나눴던 얘기들에 대해 생각하지 않는다네. 이번주 금요일에 일어날 일에 대해서도 생각하지 않는다네. 코펠과의 인터뷰나 내가 먹어야 하는 약에 대해서도 생각하지 않는다네. 나는 자네와 얘기 중인 거지. 오직 자네만 생각한다네."
>
> –《모리와 함께한 화요일》 중에서

언젠가 내 눈길을 끌었던 신문 기사가 있다. 어떤 이가 세계적인 유명인과 한 끼 식사를 위해 건물을 사고도 남을 정도의 비용을 들였다는 내용이었다. 많은 이들이 그를 부러워했다는데 나는 전혀 그렇지 않았다.

그보다 더 특별한 경험을 했으니까. '최고의 경청' 능력을 갖춘 이와 대화하는 것 말이다. 라온이와의 대화는 그 어떤 금액으로도 환산할 수 없는 영광이었다.

그것은 영혼이 눈같이 맑고 깨끗한 아이만이 줄 수 있는 선물이다. 나도 그대로 해주고 싶지만 쉬운 일이 아니었다. 녀석의 얘기를 듣다가도 내 머릿속에 이미 담겨 있는 생각이 때때로 고개를 들며 집중을 방해했다. 그래서 이 작은 인격체가 부럽고, 고맙다. '경청'이라는 어려운 일을 너무나도 야무지게 해냈으니까.

답을 주지 않는 해결책

포근한 베개에 머리를 누였건만 5초 간격으로 뒤척였다. 보이는 거라곤 어둠밖에 없는 천장을 응시하며 눈을 계속 껌뻑였다. 귓가에 맴도는 소리에 연신 한숨이 나왔다. 격하게 종이를 찢는 소리, 서럽게 엉엉 우는 소리…….

그날 저녁의 일이 계속 마음에 걸렸다. 라온이가 남편과 놀기 시작하자, 로운이는 형이 유치원에서 만들어 온 종이 망원경 쪽으로 갔다. 낮부터 유심히 봐왔던 그것을 편하게 갖고 놀 기회가 드디어 온 것이다. 형이 다 갖고 놀 때까지 기다리거나, 허락을 받을 필요 없이.

망원경은 두 개였다. 로운이는 그중 하나를 한쪽 눈에 갖다 대고 느긋하게 안을 들여다봤다. 이어서 다른 하나를 집으려던 찰나, 라온이가 빛의 속도로 달려와 낚아챘다. 갑자기 관심이 생긴 것이다. 동생이 갖고 놀기 시작했으니까.

"형아, 내가 그거 갖고 놀려고 했어!"

"이거 원래 내 거잖아."

또 시작됐다. 같은 물건을 둘이 동시에 원하는 상황이. 나는 일단 나서지 않고 지켜봤다. 저희끼리 기분 좋게 마무리한 적이 종종 있었으니까. 대개 라온이가 "로운아, 그럼 이렇게 하는 게 어때?" 하면 로운이가 받아들이는 식이었다. 형의 지혜도 칭찬받아 마땅하지만, 아우가 드센 성격의 고집불통이 아니라 가능한 일이었다. 로운이는 형과 마찰이 생기면 짜증 섞인 말투로 칭얼거리는 게 고작이었다. 그래도 뜻대로 안 되면 울면서 내게 오곤 했다.

그 순하던 녀석이 다섯 살이 되더니 달라졌다. 형에게 칭얼거림이 아니라 화내는 것에 가까운 강도로 말하기도 했다. 그날은 형을 노려보며 앙칼지게 소리쳤다. 쫙 편 손바닥을 앞으로 내민 채.

"이리 줘! 이리 달라고!"

형이 꿈쩍도 안 하자 망원경을 잡아당기기까지 했다. 꼬마 형제는 악을 써대며 줄다리기를 했다. 그만하라는 엄마의 외침에도 멈추지 않았다.

한순간 라온이가 망원경을 놓치고 말았다. 동생과 힘겨루기에서 밀린 것은 처음이었다. 녀석은 당황한 기색이 역력했다. 급기야 그대로 뒤돌아서 가려는 동생의 무릎을 두 팔로 꽉 감쌌다. 그 바람에 로운이가 철퍼

덕 소리를 내며 넘어졌다. 바닥에 떨어진 망원경은 라온이의 차지가 되었다.

자지러진 울음소리가 집 안에 울렸다. 여느 때와는 다른 소리였다. 나는 곧바로 달려가서 누워있는 로운이를 일으켜 품에 안았다. 얼굴을 보니 한쪽 볼 전체가 붉었다. 내 심장이 쿵쾅댔다. 그 파동이 목구멍까지 올라왔지만 애써 누르며 침착하게 물었다. 어디가 아픈지를. 녀석이 손으로 짚은 곳을 이리저리 자세히 살피려 눈에 힘을 줬다. 멍도, 상처도 없는 것을 확인하고서야 안도의 한숨을 쉬었다. 천만다행이었다. 로운이가 두꺼운 매트에서 넘어진 것이.

나는 아이들을 잘 혼내지 않는 편이지만 예외를 두는 때가 있다. 위험하거나 버릇없는 행동에 대해서는 성난 호랑이 같은 엄마가 됐다. 그날은 녀석들이 한 번도 겪어보지 못했던 강도로, 어쩌면 충격이 될 수 있을 만큼 호되게 혼내기로 마음먹었다. 그동안 둘은 '말'로만 다퉜었는데, 라온이가 처음으로 '무력'을 사용한 것이다. 자칫했다간 동생이 크게 다칠 뻔했으니 그야말로 심각성이 최고 단계였다. 어설프게 넘어갔다가는 앞으로 또 다른 몸싸움을 할 게 뻔했다.

나는 입을 굳게 다문 채 로운이를 매트에 앉혔다. 곧이어 라온이에게 가서 망원경을 빼앗아 갈기갈기 찢어버렸다. 당황하며 나를 말리려 뻗은 녀석의 손을 잡아끌어서 동생 옆에 앉혔다. 녀석들의 머리가 세게 부딪히며 탁 소리가 났다. 나는 순간 당황했다. 그럴 뜻은 없었으니까. 하지만, 신경 안 쓰는 척했다. 울음을 터뜨린 두 녀석에게 몰아치는 회오리바람처럼 고함을 쳤다. 분노에 이글거리는 눈빛을 곁들여서.

"이깟 장난감 하나 때문에 서로 힘으로 뺏으려 하고, 넘어뜨리기까지 해? 방금 얼마나 위험했는지 알아? 만약 로운이가 딱딱한 바닥에 머리를 부딪쳤어 봐! 아니면 바로 옆에 있는 뽀로로 책상 모서리에 눈이라도 부딪쳤어 봐! 너희들이 얼마나 큰 잘못을 했는지 알겠어?"

라온이와 로운이는 눈물이 그렁그렁 맺힌 눈으로 고개를 끄덕였다. 나는 거칠게 숨을 내쉬며 녀석들을 번갈아 쳐다봤다. 휘모리장단 같은 속도로 쉼 없이 말한 탓에 숨이 찼다. 호흡을 어느 정도 가다듬었을 때야 말을 이었다. 조금 전과 달리 차분하게. 단, 단호하게.

"엄마가 늘 말했지? 지혜롭게 행동해야 한다고. 아까 너희들은 얼마든지 말로 해결할 수 있었어. 그랬다면 이렇게 엄마한테 혼나지도 않고, 망원경도 찢어지지 않았을 거야. 지혜롭지 않으면 결국 이렇게 되는 거야. 앞으로도 말로 하지 않고 힘으로 한다면 다칠 수 있어. 또, 엄마가 얼마나 무서운 사람인지 계속해서 보게 될 거야. 장난감도 지킬 수 없게 되고. 이렇게 싸우는데 장난감이 무슨 필요가 있어? 부디 지혜롭게 행동하길 바란다."

라온이가 울먹이는 목소리로 말했다. 바닥에 흐트러진 종이 쪼가리들을 만지작거리며.

"이거 나한테 소중한 건데……."

곧 서럽게 엉엉 울기 시작했다. 그 순간 내 머릿속이 뭔가에 세게 얻어맞은 것 같았다. 저렇게 작고 약한 아이에게 내가 무슨 짓을 한 건지……. 녀석은 유치원에서 오자마자 가방에서 종이 망원경을 꺼내 보이며 한껏 자랑했었다. 누군가가 나의 소중한 물건을 내 눈앞에서, 보란 듯이 망가뜨린다면 나는 분노했을 것이다. 하지만 라온이는 화를 내기는 커녕 울기만 했다. 너무나 애처로웠다. 녀석에게 사과하고 속상한 마음을 보듬어주고 싶었지만 꾹 참았다. 그날은 최고의 강도로 훈육하는 것이 우선이라 생각했다. 나는 한 치의 틀림도 없는 철저하고, 엄격한 엄마의 모습을 고수했다.

아이들이 잠든 시간, 소파에 앉아 생각에 잠긴 내게 남편이 말했다. 남자애들은 원래 다 그런다고. 그가 어린 시절 동생과 싸우면서 위험했던 경험을 들려주기도 했다. 미안하지만 큰 도움이 되지는 않았다. 어쩌면 내가 딸만 셋 있는 집에서 자랐기에 아들들의 세상을 모를 수도 있다. 하지만 말보다 힘이 앞서는 행동을 남자가 한다고 그러려니 하고 넘어가야 할까? 성별의 차이로 따질 문제가 아니었다. 더군다나 남편 말대로라면 앞으로 둘의 행동도 점점 더 심해질 텐데……. 고민이 깊었다. 그날의 훈육 방법이 절대 만족스럽지 않아서 더욱 심난했다. 나 또한 '말'이 아닌 '무력'을 썼으니까.

다음 날, 양옆에 녀석들을 앉히고 동화책을 읽어주었을 때다. 로운이가 골라 온 책이었다. 마지막 장을 넘기자 색칠을 할 수 있는 밑그림이 있었다. 라온이가 책을 집어 들고 책상으로 가더니 빨간 색연필로 칠하기 시작했다. 로운이도 필통에서 주황색 형광펜을 찾아 쥐고 그 곁으로 다가갔다. 라온이는 등으로 동생을 막으면서 색칠을 계속했다. 로운이는 이리저리 위치를 바꿨지만, 번번이 형의 등에 가려 책을 보지도 못하자 짜증을 냈다.

"나 색칠할 거야! 이리 줘."

"내가 먼저 했잖아!"

"내가 고른 책이잖아! 이리 줘! 이리 줘!"

다섯 살의 앙칼진 목소리에 내 귀까지 따가웠다. 하지만 라온이는 색칠을 멈추지 않았다. 반쪽이 완성될 즈음에야 동생을 막는 것을 잊었다. 씩씩거리며 형을 노려보던 로운이도 그제야 책을 볼 수 있었다. 녀석은 두 손으로 책을 잡아끌었다. 하지만 라온이가 색연필을 쥐지 않은 팔의 팔꿈치로 책을 눌렀기에 소용없었다. 안간힘을 쓰며 잡아당기던 로운이가 책을 놓쳐서 엉덩방아를 찧고 말았다.

나는 그때까지 잠자코 지켜봤다. 부디 녀석들이 어제와는 다르게 행동하기를 간절히 바라면서. 어제처럼 둘을 두려움에 빠뜨리면서 상황을 해결하고 싶지는 않았다. 아이들의 마음을 할퀴고, 내 기운도 바닥까지 떨어뜨릴 뿐이니까. 더군다나 아무리 호되게 혼내봤자 이 꼬마들은 오늘이 지나면 또 잊을 게 뻔했다. 지금 이러는 것도 어제 일을 기억 못 하기 때문 아니겠는가!

바닥에서 일어난 로운이가 울면서 내게로 와서는 무릎에 앉았다. 그리고, 목이 메는 걸 가까스로 참으며 말했다.

"엄마……, 나…… 그림 그려야 하는데…… 형아가 안 줘. 엉엉."

"내가 먼저 그리기 시작했잖아!"

동생의 고자질에 라온이가 소리쳤다. 여전히 색칠을 하면서.

"라온아, 멈추고 엄마한테 그 책 좀 잠깐 줘볼래? 동생 울고 있잖아."

부드럽게 타일렀지만, 대꾸조차 없었다. 내 말을 못 들은 것 같았다. 녀석이 워낙에 색칠하기를 좋아하는 편이긴 했지만, 그날은 이상하리만치 열중했다. 나는 한 번 더 부드럽게 말했다. 역시나 소용없자, 목구멍을 힘주어 조이며 낮고 무거운 목소리를 냈다.

"김라온! 엄마가 그거 찢을 수도 있어. 지키고 싶으면 지금 주는 게 좋을 거야."

말을 내뱉자마자 아차 싶었다. 녀석들뿐 아니라 나도 어제의 쓰라림을 잊은 건가! 다행히 라온이가 색칠을 멈추고 내게로 고개를 돌렸다. 그리고 긴장한 눈빛으로 조심스레 물었다.

"정말 안 찢을 거지?"

"그래, 찢지 않을 테니까. 이리 줘봐."

"정말이지?"

녀석은 세 번이나 확인했다. 불신과 두려움이 뒤섞인 그 모습은 내가 얼마나 잔인했었는지를 다시금 알려줬다. 나는 봄날 햇볕처럼 따뜻한 미소를 지으며 약속하겠노라 했다. 라온이는 아주 천천히 조심조심 걸어와서 책을 건네주었다. 하지만 여전히 안심 못 하고 그 자리에 서서 책을 뚫어져라 쳐다봤다.

나는 내 무릎에 앉아 있는 로운이에게 다정하게 물었다.

"로운아, 이 책 로운이가 고른 거지? 혹시 로운이가 고른 책이니까 로운이만 그림을 그리게 하면 형아가 기분이 어떨까?"

"안 좋아."

"라온아, 라온이가 먼저 그림을 그리기 시작했지? 라온이가 먼저 그리기 시작했으니까 라온이만 그리게 한다면 로운이 기분이 어떨까?"

"안 좋아."

"그렇구나. 얘들아, 너희들이 만약 엄마라면 어떻게 할 거야? 엄마는 고민이 많이 되네. 잘 모르겠어."

잠시간의 침묵이 흘렀다. 먼저 입을 뗀 건 로운이였다.

"같이 그리면 되지!"

"같이 그린다고? 그러면 될까?"

"응."

"라온아, 로운이는 같이 그리면 된다는데, 라온이는 어때?"

라온이는 동생을 쳐다보며 말했다. 아주 다정하게.

"로운아, 그럼 형광펜으로 그리지 말고 색연필로 그리자. 그게 더 잘 그려져."

"좋아. 형아, 그럼 갈색으로 그릴까?"

형제는 머리를 맞대고 색칠을 하면서 키득거렸다. 로운이가 팔이 아프다고 하면 라온이가 도와줬다. 둘의 모습에 나는 물개 박수를 치며 호들갑을 떨었다.

"세상에! 얘들아! 어쩜 이렇게 지혜롭니? 정말 놀랍다. 이럴 때 자기만 그리겠다면서 고집부리는 아이들이 많을 텐데, 라온이랑 로운이는 함께 그리고 있네! 지금 기분이 어때?"

"좋아!"

아주 의미 있는 날이었다. 소중한 깨달음을 얻었으니까. 아이가 문제에 빠졌을 때, 때로는 답을 주지 않는 것이 가장 좋은 해결책이 될 수 있다. '방치'를 말하는 게 아니다. 최소한의 도움을 줄 필요는 있다. '질문' 말이다.

나는 라온이와 로운이에게 물었다. 엄마가 어떻게 하면 좋을지를. 일곱 살, 다섯 살배기는 내 물음에 대해 생각하면서 방법을 스스로 찾고, 행동으로 옮겼으며, 결국 함께 웃을 수 있었다. 상대에게 끊임없는 질문만 던졌던 소크라테스의 지혜에 새삼 감탄한 날이었다.

훈훈한 마무리였지만 아직 내 마음에 걸린 것이 있었다.

"참! 라온아, 엄마가 어제 라온이 망원경 찢어버려서 아주 속상했지? 라온이한테 소중한 거였는데……. 엄마가 심했던 거 같아. 미안했어."

녀석은 나를 향해 천사 같은 미소를 지어주었다. 내 마음을 짓눌렀던 무거운 돌덩이가 천사의 날개에 실려 멀리 날아갔다.

-¦-

어른의 역할

냄비 뚜껑을 열자 시큼한 향이 코를 찔렀다. 보글거리는 소리까지 곁들여져서 벌써부터 입안에 침이 고이기 시작했다. 얼마만의 김치찌개인지! 아이들과 함께 먹을 수 있는 것만 식탁에 올리는 나날 속에서 오랫만에 어른만을 위한 음식을 만들었다. 숟가락으로 수북하게 뜨니 김이 모락모락 피어올랐다. 침을 꿀꺽 삼켜 입속을 비운 뒤, 하마처럼 입을 벌렸을 때다.

"엄마, 똥 마려워."

로운이였다. 나는 조금만 참아줄 수 있겠냐고, 찌개는 따뜻할 때 먹어야 가장 맛있다고 말하고 싶었다. 하지만 말없이 숟가락을 내려놓았다. 아기 식탁 의자에서 긴박한 표정을 짓는 녀석을 우선 챙겨야 했다. 엄마의 도움을 받아야만 큰일(?)을 볼 수 있는 세 살배기를.

"어, 그래. 엄마랑 화장실 가자."

변기에 앉은 로운이의 얼굴이 한순간 붉어졌다가 원래 색으로 돌아왔다. 곧이어 지독한 냄새가 풍겼다. 그날따라 유난히도 고약했다. 아이의 몸은 정직하다. 몸속에 어떤 음식이 들어왔는지, 그것이 건강에 유익한지 해로운지를 어김없이 표현한다. 그날, 로운이는 간식으로 핫도그를 먹었다. 세 살에 핫도그라니! 첫째 때는 상상도 할 수 없는 일이다. 하지만, 둘째는 뭐든 빠르다는 사람들의 말이 맞다. 로운이는 형보다 많은 것이 빨랐다. 눈치도, 발달도, 적응 속도도, 가공식품을 입에 댄 시기도.

"엄마…… 나…… 핫도그 또 먹고 싶다."

"핫도그가 그렇게 맛있었어?"

"응. 내일도 먹을래."

로운이는 처음 맛본 핫도그에 푹 빠졌다. 막대에 꽂힌 노르스름한 겉면을 먹으면서 세상을 다 가진 것 같은 표정이었는데, 그 속에 분홍색 소시지가 있는 걸 보고는 눈이 휘둥그레졌다. 뜻밖의 선물을 받은 아이처럼 행복해했다.

핫도그의 기억은 녀석에게 강렬하게 남았다. 그림책을 읽는 시간에는 책에 핫도그들이 있다면서 흥분했다. "여기도 있네. 여기도 있네." 하면서 손가락으로 하나씩 짚었다. 녀석이 가리킨 것은 연못 근처에 무성하게 있는 풀 그림이었다. 하지만, 얼핏 보면 핫도그처럼 보이기도 했다. 그래서 나는 "오호! 그렇구나." 하면서 맞장구를 쳐주었다.

녀석이 그렇게나 좋아하는 음식이었지만, 마음껏 줄 수는 없는 노릇이었다.

"로운아, 지금 똥 냄새가 너무 고약하거든. 핫도그를 먹어서 그런 거야. 그러니까 다음에 냄새가 괜찮아지면 먹자."

"싫어! 먹을 거야."

"이 상태에서 핫도그를 더 먹으면 배가 아플지도 몰라. 엄마는 로운이 건강을 위해서 당분간 핫도그를 줄 수가 없어."

"싫어! 먹을 거야."

로운이는 울상이 되었다.

"로운아, 만약에 엄마가 감기 걸렸는데 차가운 물을 달라고 하면 줄 거야? 그리고 밖이 엄청 추운데도 얇은 옷을 입고 나가겠다고 하면 그냥 하게 둘 거야?"

"아니."

"그렇지? 엄마도 그런 마음이라 로운이에게 핫도그를 못 주는 거야. 그러니까 똥 냄새가 괜찮아지면 그때 먹자."

로운이는 내 말에 집중했다. 녀석의 청을 들어주지 못하는 이유와 나의 안타까움을 이해하는 것 같았다. 하지만, 가슴으로는 받아들여지지 않았다. 결국, 고개를 세차게 젓고 울음을 터뜨렸다. 닭똥 같은 눈물을 뚝뚝 흘리면서 엉엉 울어댔다. 너무나도 속상해하는 그 마음을 모르는 바는 아니었다. 하지만, 운다고 받아줄 문제도 아니었다.

"우리 로운이가 아주 속상하구나. 만약 또 핫도그를 먹으면 로운이 배가 너무 슬퍼할 거야. '어휴, 아무리 열심히 신호를 보내도 로운이가 안 들어주는구나!' 이러면서."

로운이가 울음을 뚝 그쳤다. 엄마의 연기가 좋았던 모양이다. 나는 '로운이 배'의 목소리를 전해줄 때 코맹맹이 소리를 냈다. 안타까워하는 표정까지 곁들여서. 일단 녀석의 관심을 끌었으니 1인 2역을 계속했다. '엄마'였다가, '로운이 배'였다가.

"지금 로운이 배가 열심히 신호를 보내고 있는 거야. 영차영차 하면서 지독한 똥 냄새를 몸 밖으로 내보내고 있어. 이런 얘기도 하고 있네. '로운아, 지금 몸속에 나쁜 병균이 엄청나게 많아. 그러니까 앞으로는 몸에 좋은 걸 먹어야 해. 제발!'이라고. 이렇게까지 로운이 건강을 위해서 노력했는데도 핫도그를 먹으면 로운이 배가 슬퍼할까, 안 슬퍼할까?"

"슬퍼해."

"그래, 아주 많이 슬퍼할 거야. 그러니까 똥 냄새가 괜찮아질 때까지 당분간 핫도그는 안 먹는 게 어때?"

"좋아."

그토록 원했던 핫도그를 포기하는데도 기분이 좋아 보였다. 로운이는 '배'의 노력을 외면하지 않았다. 또한 '배'가 슬퍼하는 것도 원치 않았다. 자신의 건강을 위해 애써준 고마운 존재이니 그의 말에 귀를 기울인 것이다.

누군가의 선한 행동에 반응하고, 아무리 좋아하는 것이어도 기꺼이 포기한 세 살배기. 어떻게 그럴 수가 있을까? 태어난 지 만 3년도 되지 않은 아이의 행동은 본성에 의한 경우가 많다. 나는 다시금 느꼈다. 로운이가 마음속에 선함과 아름다움을 품고 있음을. 나는 그것을 지켜주고 싶었다. 만약, 아이들이 타고난 고운 심성을 언제까지나 간직한다면 우리가 숨 쉬는 이 세상은 얼마나 아름다워지겠는가!

하지만 쉽지만은 않았다. 나 없이 라온이와 로운이만 이틀간 외할머니댁에서 자고 온 적이 있었다. 원래는 하루만 있기로 했었는데, 녀석들이 원해서 길어진 것이다. 집으로 돌아온 꼬마 형제는 새로운 놀이를 했다. "우리 싸우기 놀이하자." 하더니 서로에게 장난감을 휘두르고, 이를 악문 채 밀치거나 힘으로 누르기도 했다. 웃으면서 시작했지만 결국에는 아프다며 화를 내거나 울음을 터뜨리기 일쑤였다. 노는 방식이 달라진 이유가 궁금했다.

그 후 아이들과 함께 친정에 갈 일이 있었다. 둘은 내 손에 리모컨을 쥐여 주면서 졸라댔다. 만화를 틀어달라고. 우리 집에 텔레비전이 없으니까 충분히 이해했다. 나도 한때는 넋 놓고 만화를 보던 아이였으니까.

오래간만에 옛 기분을 느껴볼까 싶어서 녀석들과 어깨를 맞대고 앉았다. 마흔한 살, 다섯 살, 세 살이 같은 곳을 응시했다. 두 꼬마는 입을 헤벌린 채 만화를 보다가, 해맑게 키득거리거나 감탄사를 내뱉었다. 하지만 나는 미간에 주름이 가는 것을 막을 도리가 없었다.

요즘 만화는 어린 내가 봤던 것과는 매우 달랐다. 전부는 아니었지만, 채널을 돌릴 때마다 폭력적이고 자극적인 장면과 거친 대사가 넘쳐났다. 그런 만화를 보는 내 아이들, 나아가 요즘 아이들이 걱정됐다. 아니나 다를까 우려했던 일이 두 꼬마의 노는 모습에서 나타나지 않았는가! 정말이지 궁금했다. 저 만화를 만든 사람은 어떤 생각을 했던 걸까? 어떤 의도였을까? 집에 텔레비전이 없어서 다행이라는 생각을 다시금 했다.

가슴이 답답했다. 어른이 만든 것 중에 아이들에게 좋지 않은 영향을 미치는 것이 비단 만화뿐이겠는가! 부디 어른들이 잊지 않길 바라고 또 바란다. 꽃처럼 아름답고, 샘물처럼 맑고, 별처럼 반짝이는 작은 마음을 지켜주는 것. 그것이 바로 우리 어른들의 역할임을.

눈 앞에 펼쳐진 영상 속 장면들이 자신에게 미칠 영향을 두 꼬마도 알 필요가 있다. 나는 조금의 익살을 담은 말투로 능청스레 말했다.

"우리 라온이랑 로운이가 저 만화 보고 나면 '우리 싸우기 놀이하자!' 하면서 서로를 얍얍 치겠구나."

"아니야."

둘은 기어들어 가는 목소리로 말하더니 멋쩍은 미소를 지었다.

"엄마가 재미있는 얘기 해줄까? 예전에 어떤 심리학자가 실험을 했거든. 심리학자란 마음을 연구하는 사람을 말해. 그 사람이 여러 아이를 모이게 한 다음에 그중에 반은 1번 방에, 나머지 반은 2번 방에 들어가서 신나게 놀게 했어. 재미있는 장난감도 많아서 그걸 갖고 노느라 방이 아주 엉망이 되었지. 그때, 그 심리학자가 방에 있던 텔레비전을 딱 켜주었어."

두 꼬마는 얘기를 들으면서도 한 번씩 텔레비전 쪽으로 시선을 옮겼다. 온전히 내게 집중하게 만들어야 했다.

"음……. 다음 이야기는 너희들이 만화 다 보고 나면 얘기해줄게."

"아, 아니. 지금 해줘."

"다음 얘기가 궁금해?"

"응!"

"텔레비전보다 엄마 얘기가 더 재미있어?"

"응!"

녀석들은 두 눈을 내게 고정한 채 반짝이는 눈빛으로 나를 재촉했다.

"1번 방에는 누군가를 막 때리고, 물건을 부수는 폭력적인 영상이 나왔어. 지금 라온이랑 로운이가 보고 있는 만화 같은 거. 2번 방에는 어마어마하게 멋진 자연의 모습이 펼쳐진 영상이 나왔어. 꽃, 나무, 호수 같은 장면이. 그리고 엄청나게 아름다운 음악도 나왔어. 모차르트의 음악 같은 거. 자! 영상을 다 보여준 다음에 아이들에게 장난감을 정리하라고 했는데, 과연 어떻게 됐을 거 같아? 어디가 더 정리를 잘했을까?"

"2번 방!"

"그래? 그럼 1번 방은 어땠을 거 같아?"

"막 싸웠어."

"그래. 맞아. 2번 방 친구들은 사이좋게 정리를 아주 잘했고, 1번 방 친구들은 정리를 하다가 다투기도 하고, 어떤 친구는 아예 정리를 하려고도 안 했지. 이렇게 아이들이 어떤 영상을 보는지가 아주 중요하단다. 물론, 지금 라온이랑 로운이는 보고 있는 만화가 아주 재미있을 거야. 다만, 그것이 너희들에게 좋은 것인지 안 좋은 것인지는 알고 보면 좋겠구나."

나와의 대화가 끝난 뒤, 아이들은 또 다른 만화를 하나 더 보고서야 텔레비전을 껐다. 약속했던 시간이 다 되어서다. 그 만화는 1번 방 아이들이 봤던 것과 결이 같았다. 그날의 대화는 내 아이들이 문제(?) 영상을 멀리하도록 이끌지는 못했다. 하지만 나는 실망하지 않았다. 다음 만화가 시작하기 전까지 나온 광고들을 보며 아이들이 했던 말 덕분에.

"엄마, 저건 2번 방 아이들이 봤던 영상이지?"

"엄마, 저건 1번 방 아이들이 봤던 영상이지?"

자신의 눈 앞에 펼쳐진 것이 옳은지 그른지에 대한 구분을 할 수 있다는 자체만으로도 큰 수확이었다. 아주 의미 있는 시작이었다.

나의 따라쟁이 앞에서는

옷을 갈아 입혀주는 엄마를 바라보는 네 살의 로운이. 그윽한 그 눈빛이 좋다. 나를 향한 꾸밈없는 사랑과 믿음을 온전히 느낄 수 있다.

"로운아, 혹시 기억나? 로운이 세 살 때 엄마가 울었던 거."

"음…… 응, 기억나."

그때 나는 싱크대에 기댄 채 주저앉아 펑펑 울었었다. 남편과 다툰 후 며칠간 냉전 중이었을 때다. 하루하루 속상함이 차올랐지만 추스르거나 기분 전환을 할 시간이 없었다. 아침부터 밤까지 계속해서 쌓이는 집안일을 해내고, 아이들을 돌보기에도 빠듯했다. 그래도 아무렇지 않은 척 내 역할을 꿋꿋이 해내려 노력했다. 몸이 바쁘면 심란함도 잠시 멈출 줄 알았건만……. 채소를 썰다가 한순간 마음이 무너져 내렸다. 칼에 손가락을 스쳤는데, 다행히 입으로 두어 번 빨았더니 괜찮아질 정도로 가벼운 상처였다. 살짝 베인 흔적만 남은 곳을 물끄러미 바라보다가 왈칵 눈물이 쏟아졌던 것이다.

내 울음소리에 거실에서 까르르거리던 라온이와 로운이가 달려왔다. 다섯 살, 세 살 형제는 눈만 껌뻑거렸다. 쏟아져 내리는 눈물을 닦지도 않은 채 목 놓아 울고만 있는 엄마의 모습은 둘에게 몹시도 낯설었을 것이다. 잠자코 서서 바라보기만 했던 로운이가 다가와 한 손을 내 어깨에 살포시 올렸다. 그러고는 타이르듯 말했다.

"엄마아아, 엄마아아."

엷은 미소를 머금고 내 눈을 바라보던 그 표정이 가끔 생각난다. 나는 녀석을 껴안고 작은 어깨에 머리를 기댄 채 엉엉 울었다. 아이 특유의 풋풋하고 은은한 채취를 품은 세 살배기는 내가 울음을 그칠 때까지 그대로 있어 주었다. 지금 생각해보면 남편과 그렇게까지 싸울 일도, 울 일도 아니었다. 하지만 그때의 우리는 예민했었다. 쉼 없이 돌아가는 육아의 쳇바퀴 속에서.

"그때 로운이가 엄마 울지 말라고 달래줬었잖아. 정말 고마웠어. 정말 감동이었어."

"나도 고마웠어."

"뭐가?"

"내가 달래서 엄마가 울음 뚝 그쳤잖아. 그게 감동이었어."

이 사랑스러운 꼬마가 또다시 내게 감동을 줬다. 예전 그때처럼 녀석을 껴안고 어깨에 내 머리를 기댔다. 느낌이 달랐다. 그때보다 높이가 조금 더 높아졌다.

내게 고마웠다고, 감동이었다고 말하는 로운이. 내 입에서 나왔던 말을 내 아이에게서 다시 듣는 것은 나를 미소 짓게 한다. 같은 말이라도 아이의 작은 입을 통해 나오면 그 의미가 더욱 크고 진하게 다가온다. 로운이는 이 사실을 알고 내 말을 따라 하는 걸까? 그럴 리가! 따라 하는 것 자체를 즐기는 것이리라. 이유가 무엇이든 재치 있는 행동임이 분명하다. 표현력도 키우고 사랑스러움도 더하니 말이다.

로운이는 사랑스러운 따라쟁이의 면모를 자주 보였다. 봄날의 하천가를 산책했을 때도 나를 미소 짓게 했다. 우리는 돌다리를 건너다 멈춰 서서 물속을 유유히 헤엄치는 물고기를 구경하고, 긴 다리를 뽐내며 성큼성큼 걷는 황새의 걸음을 따라 하고, 홀로 피어있는 노란 민들레를 볼 때마다 반갑게 인사도 했다.

의자에 앉아서 쉬고 있는데 실바람이 불기 시작했다. 연분홍 벚꽃잎들이 한들거리며 날아왔다.

"우와, 로운아, 벚꽃잎이다. 잡자. 잡자."

나는 손으로 그릇 모양을 만들어서 이리저리 뻗었다. 한 장만이라도 담아보려 애를 썼지만, 꽃잎들은 방향을 바꾸면서 요리조리 피했다. 로운이도 나처럼 해보다가 별다른 성과가 없자 방법을 바꿨다. 꽃잎이 땅에 닿으려는 지점으로 달려가서는 슬라이딩을 하기 시작했다. 바닥에 떨어지기 직전에 잡아보려는 것이었다. 자리를 옮겨가며 한쪽 다리를 옆으로 쭉 뻗을 때마다 내지르는 소리가 우렁찼다. “하압!” 얼굴은 웃음기 하나 없이 진지했다. 무술의 고수인 만화 주인공을 따라 하는 것이었다. 자신의 손톱만 한 꽃잎을 제압하려는 꼬마 영웅의 바지가 흙먼지로 점점 뿌옇게 변해갔다. 나는 다가가서 털어주려는 걸 참았다. 영웅 놀이에 심취한 녀석을 방해하지 않기 위해서다. 바람이 잠잠해지고 꽃잎의 흩날림도 멈췄다. 로운이는 그제야 의자에 앉아서 가쁜 숨을 몰아쉬었다. 나는 물을 챙겨주고, 바지도 털어주었다.

바람이 다시 불기 시작했다. 이번에는 내 모자가 날아갈 정도였다. 떨어진 모자를 주어서 머리에 쓰고 고개를 들어보니 꽃잎들이 폭설처럼 흩날렸다.

“우와, 로운아, 저기 좀 봐봐. 저게 다 벚꽃잎이야. 꼭 눈이 내리는 거 같지?”

“우와! 눈이다.”

“그래. 꽃눈이 내리네. 정말 눈부시게 아름답다.”

우리는 의자에 앉은 채 봄날 하늘에 쏟아져 내리는 연분홍 꽃눈 공연을 감상했다. 바람이 멈추자 꽃눈도 그쳤다. 우리도 휴식을 끝내고 다시 걸었다. 건너편에 줄지어 서 있는 개나리 나무들이 보였다. 활짝 핀 노란 꽃들이 바로 아래 하천에 비쳤다.

“로운아, 저기 좀 봐봐. 개나리꽃들이 물 위에 비쳐서 물 색깔이 노란색이 되었네.”

“어디?”

“저어기. 그림처럼 예쁘다.”

"우와! 진짜네!"

낭만을 아는 네 살배기 신사는 수채화 같은 풍경에 감탄했다. 그러고는 그 마음을 멋스럽게 표현했다.

"정말 눈부시게 아름답다!"

내가 몇 분 전에 흩날리는 벚꽃잎을 보며 했던 말을 억양까지 그대로 하다니! 그 귀엽고 사랑스러운 행동에 웃음이 멈추질 않았다. 나의 사랑스러운 따라쟁이가 안겨주는 이 행복의 순간을 더 자주 맞이하고 싶다. 다시금 다짐했다. 밝고, 고운 말을 자주 해야겠다고.

아이와 함께 있을 때는 단어나 표현 방법에 더욱 신경 써야 한다. 두 귀를 쫑긋 세워 내 말을 듣고, 기억하고, 그대로 하니까. 별생각 없이 했던 말로 인해 당혹스러웠던 적이 종종 있다. 어느 날, 로운이가 "하아, 정말!" 하면서 깊은 한숨을 내뱉었다. 그게 재미있었던지 툭하면 반복했다. 형과 대화가 잘 안 될 때, 필요한 블록 조각이 안 보일 때, 포크로 집었던 과일이 식탁에 떨어졌을 때……. 아주 사소한 것에도 "하아, 정말!", "하아, 정말!"이라고 해댔다. 그때마다 나는 속으로 뜨끔했다.

그렇다. 내 말을 따라 한 것이다. 병뚜껑이 잘 안 따져서 혼잣말로 딱 한 번 했을 뿐이었는데……. 내가 아주 잠깐 스치듯 했던 부정적인 표현을 녀석은 그냥 넘기지 않았다. 내가 정중하게 부탁했을 때야 비로소 입버릇처럼 하는 것을 멈추었다.

"하아, 정말!"을 수시로 내뱉었던 로운이를 보며 문득 떠오른 한 꼬마가 있었다. 두세 살 정도 되어 보이는 녀석이었는데, 누나와 나란히 그네를 타고 있었다. 남매의 터울은 네 살 이상인 듯했다. 누나가 "저기, 엄마 온다."라고 하자 녀석이 그네에서 내려서는 아장아장 걸어갔다. 생글생글 웃으며. 근처 의자에 앉아 그 모습을 흐뭇하게 바라보던 나는 곧 미소를 거두었다. 그 엄마의 목소리가 들렸다.

"잠깐만, 너 얼굴에 웬 피야? 응?"

녀석은 엄마의 다그침에 멀뚱멀뚱 쳐다보기만 했다. 아직 말을 못 하는 아이에게 대답이 나올 리 없다. 얼핏 보니 입술 옆에 피가 조금 묻어 있었다. 뒤따라온 누나도 동생이 왜 그렇게 됐는지 모른다고 했다. 녀석의 엄마는 휴지로 아들의 입가를 닦아주며 말했다.

"넌 도대체 왜 이렇게 칠칠치 못하니? 진짜!"

아들을 노려보는 엄마와 여전히 천진난만한 표정 짓고 있는 꼬마. 그들 모습에 내 표정이 굳었다. 다친 아이에게, 저렇게나 어린아이에게 지나치다 싶었다. 하지만, 그 한 장면만 보고 비난하는 것은 조심스럽다. 평소 아이들에게 어떤 엄마인지는 알지 못하기에. 어쩌면 그날은 감당하기 힘든 속상한 일이 있었는지도, 몸이 안 좋았을지도 모를 일이다.

그녀는 놀이터에 나타났을 때부터 줄곧 웃지 않았다. 어린 아들이 반가워하며 다가오는 걸 보면서도 말이다. 심지어 언짢아 보이기까지 했다. 왜 그랬던 걸까? 왠지 안쓰럽다는 생각마저 들었다. 그녀의 모습에서 티끌만 한 행복도 느껴지지 않았으니까.

더 안타까운 것이 있다. 그날의 행동이 훗날 그녀에게 부메랑이 되어 돌아올 수 있다. 그녀의 아들은 아직 말을 못 할 뿐이지 자기가 듣는 모든 말을 쏙쏙 담고 있다. 어느 순간부터는 하나씩 입 밖으로 내보낼 텐데……. 만약, 그 작고 귀여운 입으로 "도대체 왜 이렇게 칠칠치 못해? 진짜!"라고 하면 어떨까? 짜증이 곁들여진 표정과 목소리로. 엄마 앞에서 말이다. 그 순간 그녀는 어떻게 반응할지……. 상상만으로도 마음이 무겁다. 부디 그 꼬마가 그날만큼은 엄마의 말을 잊어주었으면 좋겠다.

-¦-

양치질을 하다가

라온이의 이를 조심조심 닦아줘야 했다. 저녁 식사 때 오이를 씹고 나서 아프다기에 확인해보니 아랫니 하나가 흔들렸다. 그 작고 귀여운 이가 빠지고, 영구치가 나올 준비를 하는 것이었다. 통증 때문에 밥도 못 먹겠다는 라온이. 그리도 좋아하는 양념 김에 밥을 싸서 한입에 쏙 들어가게 만들어 줬는데도 인상을 찌푸리며 고개를 저었다.

일곱 살의 꼬마가 어른이 되기 위한 과정에서 힘들어하는 모습을 보니 숙연해지기까지 했다. 아이를 키우다 보면 '도약을 위해서는 아픔이 필수'라는 것을 자주 실감한다. 라온이는 자라는 동안 어느 것 하나 거저 얻지 않았다. 갓난아기 때부터 지금껏 거듭된 성장통을 견뎌냈다. 잘 지내다가도 한 번씩 호되게 아프거나, 극심한 짜증과 떼 부림을 보이는 시기가 있었는데, 그러고 나면 어김없이 전보다 발전한 모습을 보였다. 뒤집기, 이 갈기, 걸음마, 말 배우기와 같은 큰 변화는 그런 아픔을 보낸 후 찾아왔다.

홀로 성장통과 맞선 이 작은 생명체를 위해 내가 해줄 수 있는 것이 많지 않았다. 녀석이 말도 못 하고 엉엉 우는 것이 전부인 갓난아기였을 때나, 무엇이 힘든지 말을 할 수 있는 지금이나 마찬가지다. 힘겨워하는 모습을 곁에서 바라보노라면 안타깝기 그지없었지만 나는 티 내지 않았다. 대신, 앞으로 다가올 멋진 도약에 대해 알려주고 응원해주었다.

다행히 이번에는 조금이나마 도울 방법이 있었다. 정보를 찾아보니 이를 빼면 아픔도 사라진다고 했다. 나도 어렸을 때 이가 흔들리면, 아빠가 실로 감은 뒤 내 이마를 '탁' 쳐서 빼줬던 기억이 있다. 라온이에게 그 방법을 소개하니 녀석은 기겁하며 양 손바닥을 겹쳐서 입을 가렸다. 여전히 이가 아프다며 짜증을 내면서도 그냥 기다리겠다는 말만 반복했다. 어떤 친구가 유치원에서 밥을 먹다가 이가 빠졌던 것처럼 언젠가 자기 이도 그렇게 될 거라고도 했다. 나는 녀석의 뜻을 존중해주었다.

라온이는 저녁 식사가 끝나면 곧바로 내게 이를 닦아달라고 하는 습관이 있다. 흔들리는 이 때문에 아픈 와중에도 여전했다. 충치의 습격을 내버려 두지 않겠다는 그 의지가 기특할 따름이다(스스로 이를 닦을 수 있는 나이지만, 하루 한 번은 내가 해주었다. 더욱 꼼꼼히 닦을 수 있으니까). 칫솔이 이 구석구석에 닿도록 입을 크게 벌리고 있던 녀석이 갑자기 내 손을 잡더니 말했다.

"힝, 아빠 오늘 늦게 오잖아!"

그날은 남편이 아이들이 잠든 이후에나 귀가하는 날이었다. 9주 동안 수요일 저녁마다 '데일 카네기 코스'를 듣기로 되어 있어서다. 내 삶에 큰 도움을 주었던 수업이라 내게 소중한 사람도 꼭 듣기를 바랐는데, 드디어 남편에게도 기회가 생긴 것이다.

라온이는 아빠가 늦게 귀가한다는 얘기를 아침에 이미 들었다. 그때는 아무렇지 않아 했는데 이제야 심통이 난 것이다. 아빠와 노는 걸 유독 즐기는 녀석이니 이해가 갔다. 이렇게 아프고 힘든 날은 그 시간이 더욱 절실할 테니까.

"라온아, 아빠는 '데일 카네기 코스' 강의를 들으러 가신 거잖아. 그걸 들으면 사고력, 감사, 성찰을 키울 수 있거든. 더 멋진 사람이 되려고 좋은 것을 배우러 간 거니까 우리는 응원해주자. 배운다는 건 아주 중요한 거야. 공자가 뭐라고 했다 했지? 배우기만 하고 생각하지 않으면 어떻다고?"

"미혹되고!"

식탁에서 마저 밥을 먹고 있던 다섯 살 로운이의 목소리였다. 욕실 문을 열어둔 채 대화하는 엄마와 형의 목소리를 다 들었던 모양이다.

"그렇지. 배우기만 하고 생각하지 않으면 미혹되고, 생각하기만 하고 배우지 않으면 어떻다고?"

이번에는 라온이가 재빨랐다.

"잠깐만, 말하지 말아 봐. 생각해볼게. 음…… 음……. 위험하다?"

"아주 비슷해."

"음…… 위…… 위…… 뭐지?"

"위태롭다! 자, 처음부터 다시 해보자."

욕실 안의 엄마와 일곱 살배기, 식탁에 앉은 다섯 살배기. 이 셋은《논어》의 한 구절을 한목소리로 천천히 읊었다.

> 배우기만 하고 생각하지 않으면 미혹되고, 생각하기만 하고 배우지 않으면 위태롭다.
>
> -《논어》 중에서

'배움'과 '생각'이 이토록 멋지게 어우러진 표현이라니! 각각의 중요성은 물론이요, 한쪽으로 치우쳤을 때의 위험도 알려주고 있다. 간결하지만 강렬하게.

나는 때때로 아이들에게 이 구절을 읊게 했다. 내가 먼저 읊으면 아이들이 따라 하는 식으로. 이 꼬마들이 아무리 입 밖으로 내뱉는다고 해도 그 의미를 깊이 깨닫기는 무리다. 녀석들은 놀이하듯 앵무새처럼 엄마 말을 따라 하며 즐길 뿐이다. 그래도 괜찮다. 거듭 말하다 보면 자연스레 외울 테고, 머릿속에 새겨질 테니까. 그것이 훗날 녀석들에게 도움을 주리라 믿는다. 더 바르고 가치 있는 삶의 길로 나아갈 수 있도록.

"그러니까 배우는 것도 중요하고, 생각하는 것도 중요하단다. 그런데, 이렇게 배우는 거랑 생각하는 거만 잘하면 될까? 엄마가 늘 말했지? 실천도 중요하다고. 배우기만 하고 실천하지 않으면 그건 아무 소용없는 거야. 봐봐, 라온이는 횡단보도 건널 때 어떻게 해야 하는지 유치원에서도 배우고 엄마한테도 배웠지? 좌우를 잘 살피고, 손을 들고, 천천히 걸어가야 하는 거잖아. 그런데, 그걸 배웠으면서도 그대로 실천하지 않으면 문제가 있겠지? 그리고, 음식 먹고 나면 양치질해야 한다는 것도 배웠지? 그래서 이렇게 양치하고 있는 거고. 그런데 그것도 실천하지 않으면 어떻게 되지?"

라온이는 내 이야기에 쏙 빠진 나머지 입을 헹구는 것조차 잊고 있었다. 내가 물음을 던졌을 때야 입안 가득 물고 있던 치약 거품을 내뱉었다.

"이가 썩어."

"그렇지. 그러니까 실천도 꼭 해야 하는 거야. 단, 주의사항이 있어. 과연 모든 걸 배우고 실천해야 할까? 모든 배움이 좋은 걸까?"

라온이는 몹시도 고민스러운 표정을 지었다. 선뜻 대답하기 어려운 질문을 들을 때마다 그랬다. 하지만 그 고민을 즐기는 기색이 역력했다. 그만큼 배움의 자세를 갖춘 것이리라. 녀석은 끝내 대답을 못 했고, 어서 답을 알려 달라며 나를 재촉했다. 어쩌면 어른들조차도 이해하기 힘든 얘기인데도 몰입하는 모습을 볼 때마다 이따금 궁금해진다. 아이들이 원래 만화나 동화뿐 아니라 이런 깊이 있는 얘기를 좋아하는 것인지…….

"배워서는 안 되는 것도 있어. 클로이(만화 속 인물의 이름)처럼 나쁜 짓을 아무렇지 않게 하고, 툭하면 거짓말을 하는 걸 배우고 따라 해야 할까?"

"히히히, 아니."

"그렇지? 옳지 않은 것은 배우지 않아야 하는 거야. 따라 하면 더더욱 안 되고. 그러기 위해서는 지혜가 필요해. 무엇이 옳고, 그른지를 판단할 줄 알아야 하니까. 알겠는가?"

"응."

라온이는 활짝 웃었다. 이빨 때문에 아팠다는 사실도 잊은 모습이었다.

양치질을 하다가 제법 다양한 이야기를 나눴다. 배움, 생각, 실천과 그 주의사항, 지혜 등에 관해서. 그중 라온이의 마음에 울림을 주고 가슴 깊이 닿은 것은 무엇일까? 내 궁금증은 곧 풀렸다. 녀석이 욕실에서 나오면서 말했다.

"엄마, 근데 너무 웃겨. 클로이의 나쁜 짓 배우면 안 된다는 거. 흐흐흐."

"나도 정말 웃겨. 클로이는 배우면 안 된대. 흐흐흐."

때마침 밥을 다 먹고 식탁에서 욕실 앞으로 걸어온 로운이도 맞장구를 쳤다.

어쩌면 녀석들이 이날 기억에 담은 것은 이것뿐일지도 모르겠다. 그래도 괜찮다. 나머지에 대해서는 다음 기회에 되새기고 익숙하게 하면 되니까. 무엇보다도 이가 아파서 힘들어하던 라온이가 기분 좋게 웃고 있으니 그걸로 됐다.

-¦-

엄마, 다른 옷으로 갈아입어

배고프다는 아우성에 손놀림을 재촉했다. 식판에 밥, 국, 반찬들을 골고루 담아 내놓자 아이들이 잠잠해졌다. 겨우 한숨을 돌리고 나니 내 배꼽시계도 요동을 쳤다. 배를 쓰다듬어주고는 식탁이 아닌 싱크대로 갔다. 나를 기다리고 있는 채소 껍질, 도마, 칼, 프라이팬, 주걱, 냄비, 그릇들을 어느 정도 정리한 후에야 식탁 의자에 앉았다.

"엄마, 이제 다른 옷으로 갈아입어라. 그건 안 멋지다."

다섯 살 라온이가 밥을 먹다 말고 한 말이다. 가족 중 누구도 내 옷차림에 특별히 관심을 보이지 않았었는데……. 그날이 처음이었다.

순간 당황스러웠지만 곧바로 수긍했다. 나는 하얀색 바탕에 빨간색 줄무늬가 있는 티셔츠를 입고 있었다. 거추장스럽지 않고 편안한 옷. 집안일을 하기에 안성맞춤이었다. 단정한 옷이라고 할 수는 있지만, 라온이의 말대로 멋지진 않았다. 게다가 갈아입을 때가 되기도 했다. 집에서 활동할 때 입는 옷은 이틀에 한 번꼴로 갈아입었다. 외출할 때는 다른 옷을 입고, 잠옷도 따로 있으니 굳이 매일 갈아입을 필요를 못 느꼈다. 그런데 어쩌다 보니 같은 옷을 삼 일째 입고 있었다.

"그래? 알았어. 밥 먹고 갈아입을게."

대답하자마자 아차 싶었다. 짚고 넘어갈 필요가 있는 문제였다. 왜 갑자기 엄마의 옷차림에 이래라저래라 하는 건지. 아무래도 얼마 전부터 다니기 시작한 유치원의 영향인 것 같았다. 유치원……. 원래는 여섯 살부터 보낼 예정이었다. 하지만 주로 집에서만 지내는 녀석이 또래와 어울릴 기회가 너무 없는 것이 마음에 걸려서 시기를 앞당겼다.

라온이는 기대 이상으로 유치원에 잘 적응했다. 선생님, 친구들과 보내는 시간을 마냥 흥미로워하면서. 집에 오면 그날 보고, 듣고, 배운 것들을 엄마와 동생에게 열정적으로 알려주었다. 유치원 생활이 어떤지에 대한 물음에는 늘 좋다고 했다. 선생님도 좋고, 친구들도 좋고, 버스 기사님도 좋고, 밥도 맛있고……. 녀석이 긍정적인 것은 이미 알고 있었지만, 유치원에 보내고 나서는 내가 생각했던 것 이상이었음을 깨달았다. 새로운 생활을 만족스러워하는 것이 다행스러웠다. 하지만 그 때문에 내가 더 주의를 기울일 필요도 있었다. 녀석이 스펀지처럼 모든 것을 흡수해버릴 수 있으니까. 아무런 거름망도 없이.

짐작건대, 라온이는 매일 아침 눈여겨보았을 것이다. 동화 속 공주님의 드레스를 입고 화려한 머리 장식을 하고 오는 친구들, 만화 속 영웅의 옷을 입고 나타난 친구들을. 그 친구들을 향한 감탄과 칭찬이 오가는 순간이 라온이에게는 낯설 수밖에 없었을 것이다. 하지만 새로운 사실을 알게 되었으리라. 옷차림이 칭찬 거리가 될 수 있음을.

만약, 그 때문에 엄마의 옷에 참견하는 거라면? 머릿속에 경보음이 울렸다. 내가 아이들을 키우면서 특히 신경 쓴 것이 몇 가지 있는데, 그중 하나가 '외모 지상주의'에 빠지지 않게 하는 것이다. 나는 사람들이 외모에 치중함으로 인해 발생하는 문제를 심각하게 여기고 안타까워한다. 이 때문에 외모나 옷차림에 대한 칭찬을 일부러 하지 않을 정도다. 그토록 경계하던 문제였건만, 내 아이가 발을 들여놓다니! 어서 빼줘야만 했다.

"라온아, 엄마 이 옷 그냥 입을래. 엄마가 어떤 옷을 입든 멋있지 않니? 엄마는 라온이가 무엇을 입든 사랑스럽고 예뻐. 옷이 중요하지 않으니까."

"아니야. 그건 이제 안 멋져."

다른 때 같으면 내 말을 받아들였을 텐데……. 물러서지 않는 모습에 더욱 확신했다. 절대로 그냥 넘어가면 안 되겠다고. 머릿속에 빨간불이 빠르게 껌벅거렸다. 시간을 두고 차분히 해결방법을 생각하면 좋으련만, 그야말로 '비상'이라 급히 조치를 내놓았다.

"엄마는 라온이가 멋지다고 할 때까지 이 옷만 입을 건데……. 어때?"

태연한 척하며 능청스럽게 말했지만, 솔직히 부끄러웠다. 녀석에게 이처럼 뻔뻔하면서도 막무가내 모습을 보인 것은 처음이었다. 여느 때처럼 대화를 주고받으면서 자연스레 설득했더라면 좋았을 걸……. 하지만 이미 엎질러진 물이었다. 라온이가 잠시 생각에 잠겼다가 드디어 입을 뗐다.

"그 옷도 멋져."

순간 왠지 짜릿하기까지 했다. 중요한 승부에서 이긴 것만 같았다. 하지만 끝난 게 아니었다. 녀석은 결코 만만한 상대가 아니었다.

"내일은 다른 옷으로 갈아입어."

내가 지고 말았다. 마흔한 살의 마음을 들었다 놓았다 하는 다섯 살에게. 라온이는 지금 옷이 멋지다는 나의 주장을 일단 인정해주었다. 그러고는 나를 배려해주기까지 했다. 하루의 말미를 주면서 내가 원하는 옷을 입을 수 있게 한 것이다. 상대방의 얘기는 아랑곳하지 않고 내 고집만 부렸던 나와는 달랐다. 녀석은 멋진 승부를, 나는 못난 승부를 펼쳤다.

문득 한 가지 생각이 스쳤다. '내가 녀석을 오해하고 있는 것은 아닐까?' 내게 옷을 갈아입으라고 했던 이유를 말이다. 그저 유치원에서의 분위기에 휩쓸려서 그런 것이 아닐 수도 있었다. 자기 주관이 뚜렷한 아이니까.

엄마의 옷차림이 녀석 나름의 기준에 맞지 않아서였는지도 모른다. 라온이는 아침에 먹었던 반찬이 점심에도 나오면 왜 같은 것만 있냐고 묻고, 잠자기 전 책 읽는 시간에 늘 같은 책만 집어오는 동생에게 한소리를 한다. 그처럼 같음의 반복을 꺼린다. 그러니, 엄마가 며칠이 지나도록 같은 옷만 입고 있는 것이 싫증이 났을지도 모른다.

다음날 아침, 나는 열린 옷장 앞에서 고민에 빠졌다. 예쁘기는 하지만 집안일을 할 때는 불편할 수 있는 옷들이 나란히 걸려 있었다. 몸에 딱

맞는 원피스, 소매 끝에 레이스가 나풀거리는 블라우스…… 한때는 집에서 생활복으로 아무렇지 않게 입었던 옷들이다. 어느 날 대청소를 하면서 집 안 구석구석에 있는 안 쓰는 물건들을 정리했었는데, 오래도록 옷장에서 자리만 차지하고 있던 옷들이 방 한쪽에 작은 동산을 이루었다. 그때 결심했었다. 옷장에 모셔둘 바에는 차라리 집에서라도 입는 게 낫겠다고.

옷이라는 것이 참 묘했다. 우아함이 넘치는 옷을 입을 때면 괜스레 분위기를 잡기도 했다. 거실 소파에 앉아 감미로운 음악을 듣고, 손에 든 찻잔에서 피어오르는 향을 음미했다. 눈을 감고 콧노래를 부르며 상체를 좌우로 흔들었다. 실바람에 흔들리듯 천천히.

내게 낭만의 시간을 안겨주었던 그 옷들은 또다시 옷장 한구석에서 자리만 차지하기 시작했다. 대신 움직임에 어떠한 불편도 주지 않는 옷들만 열심히 들락날락했다. 엄마가 된 후 청소, 요리, 설거지, 아이 씻기기, 장난감 정리하기 등을 빛의 속도로 해야 했으니까.

오래간만에 보는 옷들 덕분에 잠시 추억에 빠졌지만, 길게 누릴 수가 없었다. 아침이었으니까. 유치원 버스 시간에 맞추려면 일분일초가 소중했다. 그날 입을 옷을 서둘러 결정했다.

“라온아, 엄마 이 옷으로 갈아입었어. 어때?”

“좋아!”

녀석은 매우 만족스러워했다. 아무런 무늬도 없는, 평범하기 그지없는 회색 티셔츠를 보고. 심지어 전날 입었던 것보다 낡고 허름한 옷인데도.

역시 내가 오해하고 있었던 게다. 돌이켜보니 라온이는 분명히 말했었다. '다른 옷'을 입으라고. 하지만 그 말이 내 귀에는 '예쁜 옷'으로 들어온 것이다. '외모 지상주의를 경계하자'라는 생각을 늘 하고 있던 내게는 말이다.

평소 내 머릿속에 자리 잡은 생각 때문에 아이를 오해할 수 있음을 깨달았다. 다행히 이번에는 심각한 문제가 생기지 않고 잘 해결되었다. 하지만 앞으로 또다시 이와 비슷한 일이 생기지 않으리란 법이 없다. 급기야 아이에게 상처를 줄 수도 있다.

나를 깊이 반성하면서 소중한 다짐을 했다. 아이와 대화할 때는 내 머릿속을 비우고 임하겠노라고. 그리고, 아이의 말에 더 귀를 기울이겠노라고.

-¦-

원하는 것을 얻기 위해

역사적인 순간이었다. 그동안 지구인들이 알아들을 수 없는 옹알이만 해왔던 라온이가 드디어 똑 부러진 발음으로 말했다. 내가 믿기지 않아서 뭐라고 한 건지 다시 묻자, 녀석은 조금 전보다 목소리를 높였다.

"더!"

간식을 눈 깜짝할 사이에 먹어치우자마자 다급하게 이 한마디를 내뱉은 것이다. 내 아이의 입에서 처음으로 나온 말이 '엄마'나 '아빠'가 아니라니……. 하지만 티끌만큼도 서운하지 않았다. 축하의 마음마저 들었다. 일단, 이 순간을 위해 수만 번의 옹알이를 했다는 걸 아니까. 무엇보다도 녀석에게는 중요하고 꼭 필요한 말이었다.

라온이는 음식을 향한 애정이 매우 깊은 아이였다. 신생아 때부터 예사롭지 않았다. 산부인과에서 산모들이 한자리에 모여서 모유 수유를 했을 때였다. 태어난 지 몇 시간 안 된 작은 생명들은 젖꼭지를 무는 것조차도 어려워했다. 계속된 실패로 낑낑거리거나 울음을 터뜨렸다. 하지만, 라온이는 단 한 번의 시도로 젖꼭지를 야무지게 물고 힘차게 빨아댔다. 30분이 지나도록 지친 기색이 없었다.

모유도 그렇게 잘 먹어대더니, 이유식을 먹기 시작한 이후로는 자신에게 주어진 먹을거리를 남긴 적이 없었다. 그릇을 다 비우고 나면 늘 여러 감정이 뒤섞인 신비로운 표정으로 나를 쳐다봤다. 당혹, 아쉬움, 간절함, 단호함, 약간의 분노……. 아직 말을 못 하니 표정으로 속마음을 전했던 것이다. 그러면 나는 "더 먹고 싶구나." 하며 그릇을 채워주었다. 녀석이 만족할 때까지.

사람이 무언가를 강렬하게 원하면 한층 더 성장을 이루게 된다. 그것을 얻고자 노력하게 되는 과정에서. 라온이에게는 '음식'이 성장의 발판이었다. 녀석은 끈질긴 노력 끝에 "더!"를 외칠 수 있게 되더니, 얼마 후에는 제대로 된 문장을 말하는 데도 성공했다. 녀석의 첫 문장은 택배로 온 익숙한 상자를 봤을 때 나왔다.

"사과 먹어!"

그 후로도 라온이의 음식 사랑은 깊어가는 여름날 태양처럼 점점 더 뜨거워만 갔다. 한여름의 어느 날, 녀석이 잘 익은 자두를 먹을 때였다. 열 손가락으로 야무지게 잡고 구석구석 꼼꼼하게 먹다가 더는 먹을 부위가 없자 힘차게 외쳤다.

"더!"

문장을 충분히 말할 줄 알면서도 음식을 다 먹고 나면 늘 이 말만 했다. 열 마디 말보다 짧고 굵은 한마디가 호소력이 짙다는 걸 아는 듯이. 내가 곧바로 자두를 건네주니 눈을 반짝이며 한 입 베어 물었다. 몇 번의 "더!"가 반복되었다. 녀석이 다섯 개째를 다 먹어갈 즈음에 내가 말했다.

"라온아, 맛있게 먹었지? 충분히 먹었으니까 이거까지만 먹고, 이제는 놀자."

내 말을 받아들이는 눈치였다. 나는 싱크대로 돌아가서 씻어놓은 나머지 자두를 유리그릇에 담고 뚜껑을 닫았다. 그 순간 라온이가 소리쳤다. 자두 국물에 끈적끈적해진 양손으로 주먹을 쥔 채.

"포도 먹어!"

"뭐? 포도? 아아⋯⋯ 이 그릇에 담긴 거? 이게 포도처럼 보였구나. 얘도 자두야."

녀석은 잠시 생각에 잠겼다가 결심이 선 듯 눈에 힘을 주었다. 그러고는 아까보다 더 크게 외쳤다.

"얘도 자두 먹어!"

예상 못 한 녀석의 반응에 황당했지만, 그런 기상천외함은 아이의 사랑스러움을 드높인다. 게다가 라온이의 표정이 너무나 진지해서 더욱 깜찍했다.

나는 마음껏 웃는 대신 옅은 미소를 지었다. 라온이 처지를 생각하면 웃음거리로 치부할 말이 아니었으니까. 그 말은 녀석에게는 용감한 도전을 담은 말이었다. 라온이는 낯선 이들을 보면 두려움에 소리를 쳐대고,

아무리 신기한 장난감이어도 바로 손을 뻗지 않고 한참 동안 살펴보기만 하는 아이였다. 그토록 신중하고, 낯선 것을 과하다시피 경계하는 녀석이 과감히 모험을 택한 것이다. 처음 들어보는 '얘도 자두'를 먹기 위해서.

라온이는 엄마의 차분한 설명을 듣고서야 세상에 그런 과일이 없음을 깨달았다. 실망하는 기색을 내비쳤지만 아주 잠시뿐이었다. 금세 명랑함을 되찾고 해맑게 웃었다. 아쉬웠던 순간에 미련을 두고 머물기만 한다면 도움 될 게 없다. 훌훌 털어버릴 줄도 알아야 새로운 기회를 맞을 수가 있다. 이 꼬마는 그러한 지혜를 지녔다.

라온이와 음식에 관련된 잊지 못할 사건(?)이 한둘이 아니다. 녀석의 머릿속에서 음식이 차지하는 비중이 어느 정도인지 알 수 있는 일도 있었다. 남편과 나는 대화를 나누고, 라온이는 인형을 만지작거리며 놀고 있었을 때다.

"자기야, 회사 근처에 시계방 있어?"

"시계방? 있지?"

아빠의 말이 끝나자마자 라온이가 나섰다.

"식빵 먹어!"

시계방과 식빵. 얼핏 같은 말로 들릴 수도 있다. 나는 미소 지으며 녀석에게 눈을 맞췄다.

"라온아, 식빵이라고 들었어? 시계방이라고 한 거야. 시. 계. 방."

"식빵 먹어!"

"식빵이 아니라 시계방. 시계방은 고장 난 시계를 수리해주거나, 시계

배터리가 다 되면 갈아주는 곳이야. 엄마 시계 배터리가 다 되어서 아빠한테 물어봤던 거야."

"식빵 먹어!"

아무리 설명해주어도 아랑곳하지 않는 세 살배기의 단호함에 남편과 나는 웃음을 터뜨렸다. 배꼽이 빠질 듯 웃어대느라 숨쉬기도 힘들고 눈물까지 났다. 라온이는 껄껄거리는 엄마, 아빠를 보고도 결연한 얼굴로 같은 말만 반복했다. 자기 뜻을 전하는 데만 끈질기게 집중했을 뿐이다. 절박함마저 보이는 그 모습에 한순간 아차 싶었다. 자신의 요구가 웃음거리가 되길 그 누가 바라겠는가? 나는 즉시 웃음을 거뒀다.

"그래, 라온이가 식빵을 많이 먹고 싶은가 보구나. 오늘은 늦었으니까 내일 사 먹자."

그제야 라온이는 입을 다물고 고개를 끄덕였다. 몇 분 뒤 꿈나라로 간 녀석은 그날 밤 어떤 꿈을 꾸었을까나.

키가 1m도 안 되는 꼬마 라온이는 진정으로 원하는 것을 얻기 위한 세 가지를 몸소 보여주었다. 노력, 용기, 끈기다. "더!"라는 한마디를 하기까지 셀 수 없이 많은 옹알이를 했던 노력, 낯선 '얘도 자두'를 맛보고자 과감히 모험을 택한 용기, 사주겠다는 말을 들을 때까지 "식빵 먹어." 하고 외쳐댄 끈기.

아직은 녀석이 갈망하는 것이 음식이지만, 시간이 지나면 달라질 것이다. 자신을 둘러싼 상황이나 환경, 경험의 영향을 받으며. 원하는 것이 무엇이건 지금껏 내가 봐왔던 라온이라면 이루어낼 것만 같다. 이왕이면 차원 높은 것이면 좋으련만……. 개인의 만족을 넘어 세상을 더욱 멋지게 만드는 데 이바지할 수 있는 것 말이다.

막연한 바람뿐이었던 내 생각이 현실이 될 가능성을 본 적이 있다. 라온이가 일곱 살이었을 때, 우리는 한 카페에 나들이를 갔었다. 꿈에 대해 생각해볼 기회를 주는 카페였다. 라온이는 '내가 꼭 이루고 싶은 일들' 다섯 개를 적을 수 있는 종이를 받았다. 녀석이 곰곰이 생각한 끝에 꾹꾹 눌러쓴 내용 그대로를 여기에 옮긴다.

1. 방방하는거
2. 마신는거먹기
3. 과학자가되는꿈
4. 동물키우는거
5. 세상을아름답게하는거

에필로그

결혼 7년 만이었다. 우리 부부에게 아기 천사가 와준 것이. 처음으로 그 심장 소리를 들었던 날의 기억이 생생하다. 1㎝도 채 안 되는, 동그라미 모습을 한 작은 생명이 자신의 존재를 강하게 드러냈다. 힘차고, 빠르고, 뜨거운 심장 박동이 공기를 타고 내 심장에까지 고스란히 닿았다. 쿵쾅쿵쾅 쿵쾅쿵쾅……. 단조롭기 그지없는, 한편으론 시끄럽기까지 한 소리였는데 너무나 아름답고 경이로웠다. 생명은 어떤 형태여도 그 자체로 아름답다는 걸 다시금 느끼는 순간이었다. 눈시울이 뜨거워졌다.

감격도 잠시, 그렁그렁 맺히며 차오르던 눈물이 한순간 쏙 들어갔다. 놀라움에 입을 다물 수가 없었다. 세 개의 심장 소리를 들었으니까. 시험관 시술을 받았기에 쌍둥이를 기대하긴 했지만 세쌍둥이일 줄이야. 나는 의사의 축하 인사에도 아무런 말도 못 하고 어리둥절한 표정만 지었다. 곧이어 의사가 조심스레 꺼낸 말은 내 귀를 의심케 했다.

"음…… 선택을 하셔야 해요. 세 아이를 모두 낳을지, 한 명이나 두 명만 낳을지를. 집으로 돌아가서 충분히 생각하고 신중하게 결정하세요."

"네? 그게 가능한 거예요?"

"선택유산이라고 하는데……. 아무래도 세쌍둥이가 위험성이 좀 크니까."

늘 살가웠던 의사였는데, 그날은 최대한 사무적으로 말하려는 태도가 느껴졌다. 그 마음을 이해 못 하는 바가 아니었지만 미간이 찌푸려지는 것은 어쩔 수 없었다. 선택유산……. 말만 들어도 강한 거부감이 생겼다. 하지만 나는 선뜻 말하지도 못했다. 말도 안 된다고, 생명을 두고 어떻게 그러냐고.

남편과 나는 각자 생각해본 후 의견을 나누기로 했다. 하지만 상대가 어떤 선택이든 해주길 바랐을 뿐 누구 하나 마음을 정하지 못했다. 눈을 마주칠 때마다 어떻게 하냐는 말만 반복하며 은근히 서로에게 결정을 재촉했다. 정말이지 너무나 어려운 문제였다. 인터넷으로 다양한 정보를 알아볼수록 마음의 복잡함만 더할 뿐이었다. 세쌍둥이는 임신부터 출산까지의 여정이 너무나 험난했다. 작고 마른 편인 내가 감당해낼 수 있을지……. 선뜻 용기를 내지 못한 채 풀이 잔뜩 죽어있다가도, 세쌍둥이를 무사히 낳고 건강하게 키운 사람들의 얘기를 보면 한편으로는 그 어렵다는 길을 가고 싶어졌다.

남편과 나는 가족들의 의견도 들어보기로 했다. 하지만 모두 조심스러워하며 시원한 답을 주지 못했다. 마지막으로 통화를 했던 작은 언니만 빼고.

"하나도 아니고 셋이라니! 완전 축복이지. 낳아야지!"

수화기 너머로 들리는 확신에 찬 음성을 듣는 순간 안개가 걷혔다. 맞다. 7년을 애타게 기다려왔던 천사 아니던가. 그것만으로도 감사한 데 한꺼번에 세 명이나 와주다니! 걱정이 흔적도 없이 사라지고 순식간에 만개한 기쁨이 찬란하게 반짝였다.

남편과 나는 곧바로 태명을 정했다. 어쩌면 한낱 단어에 불과한 것이지만 이름이 갖는 힘은 대단하다. 이름이 지어지는 순간 그 존재가 더욱 소중하고 특별하게 된다. 가슴이 벅차올랐다. 가만히 배에 손을 얹으니 병원에서의 역동적인 심장 소리가 귓가에 맴돌았다.

"기쁨아, 행복아, 축복아. 엄마 아빠에게 와줘서 정말 고마워. 우리 건강한 모습으로 만나자꾸나. 엄마 아빠가 노력할게. 사랑한다. 아주 많이."

일주일 뒤, 세 천사의 심장 소리를 다시 들었다. 맨 처음 들었던 소리보다 더 힘이 느껴졌다. 몸도 조금 더 자라서 1cm, 1.1cm, 1.3cm가 되었다. 내 배 속의 생명이 이렇게 열심히 자라고 놀라운 변화를 이루었지만 나는 전혀 눈치채지 못했다. 대개 임신을 하면 입덧도 하고 몸 상태도 평소와 다르다고 하던데, 나는 병원에 갔을 때야 비로소 내가 생명을 품고 있음을 확인했다. 평소에 '병원'이라면 질색을 하던 나였는데 진료일이 기다려졌다.

또다시 일주일이 지났다. 기대와 행복을 한 아름 안고 병원으로 향했다. 그 사이 0.6cm나 자란 축복이가 우렁찬 심장 소리를 들려주며 나를 반겼다. 그날 들었던 유일한 심장 소리였다. 기쁨이와 행복이는 여전히 그 자리에 있었다. 심장 박동을 멈춘 채. 나는 바짝 마른 입술을 벌린 채 멍하니 있었을 뿐이다. 두 생명이 떠나버렸는데……, 그런 엄청난 일이 내 몸 안에서 일어났는데도 전혀 눈치채지 못했었다. 언제였을까? 무엇이 문제였을까? 내가 어떻게 해야 했던 것일까?

내 표정을 읽은 의사가 말했다. 누구의 잘못도 아니라고, 임신 초기에는 이런 경우가 많다고. 그나마 다행인 것은 워낙 작은 상태라 별도의 시술을 하지 않을 거라고도 했다. 시간이 흐르면서 서서히 흔적이 사라질 것이기에……. 두 천사는 내게 올 때도, 위대한 변화를 이루어가면서도 고요하더니, 떠날 때조차도 소리 없는 이별의 날갯짓을 했다. 잠시나마 선택유산을 두고 고민했던 것이 너무나 미안하고 후회스러웠다.

슬픔에 싸여 눈물을 글썽이는 내게 의사가 말했다.

"자, 기운 내세요. 이제 남은 한 아이는 지켜내야죠."

퍼뜩 정신이 들었다. 그랬다. 한순간이라도 슬퍼해서는 안 됐다. 나의 모든 감정이 배 속의 생명에게 고스란히 전해질 테니까. 진료실을 나와서 가만히 배에 손을 얹고 말했다.

"축복아, 엄마가 꼭 지켜줄게. 우리 건강하게 꼭 만나자. 사랑해. 아주 많이. 그리고 기쁨아, 행복아. 그동안 정말 고마웠어. 엄마는 너희 덕분에 너무나도 행복했었어. 사랑한다. 아주 많이. 잘 가렴."

신기하게도 그날부터 임산부 특유의 반응을 시작했다. 헛구역질을 하고, 입맛이 너무나 없었다. 비록 몸은 힘들었지만 반가운 증상이었다. 엄마를 안심시키기 위한 축복이의 노력으로 보였으니까.

녀석은 꿋꿋하게 자리를 지키며 무럭무럭 자랐다. 그리고 2014년 9월, 드디어 우렁찬 울음소리를 들려주었다. 갓 태어난 작은 생명을 품에 안은 순간, 우리 사이에는 교감이 있었다. 극심했던 출산의 고통도 잊을 만큼 아주 신비로운 감정이었다. 그로부터 2년 후인 2016년 7월, 둘째를 품에 안았을 때도 같은 감정을 느꼈다.

나를 '엄마'라고 부르는 두 요정을 바라보며 생각하곤 한다. 얼마나 특별한 인연의 고리로 우리가 연결된 것일까? 이 물음에 대한 답은 알 수 없다. 하지만 하나는 확실히 알 것 같다. 그 고리를 단단히 하고, 아름답게 가꾸는 것은 우리의 몫임을. 그러니 늘 서로를 위한 노력이 필요한 것이다.

우리 집에는 꼬마 철학자가 산다

초판 1쇄 발행 2021년 2월 10일

지은이 | 노신화

펴낸이 | 박현주
책임편집 | 박현주
편집 | 김정화
디자인 | 정보라, 서승연
마케팅 | 유인철
인쇄 | 도담프린팅

펴낸 곳 | (주)아이씨티컴퍼니
출판 등록 | 제2016-000132호
주소 | 서울시 강남구 논현로20길 4-36, 202호
전화 | 070-7623-7022
팩스 | 02-6280-7024
이메일 | book@soulhouse.co.kr
ISBN | 979-11-88915-39-2 03590